LE BILINGUISME POUR GRANDIR

ISBN : 2-7475-7836-4
EAN : 9782747578363

Anemone GEIGER-JAILLET

LE BILINGUISME POUR GRANDIR

Naître bilingue ou le devenir par l'école

L'Harmattan
5-7, rue de l'École-Polytechnique
75005 Paris
FRANCE

Harmattan Könyvesbolt
1053 Budapest,
Kossuth L. u. 14-16
HONGRIE

L'Harmattan Italia
Via Degli Artisti 15
10214 Torino
ITALIE

Espaces Discursifs

Collection dirigée par Thierry Bulot

La collection *Espaces discursifs* rend compte de la participation des discours (identitaires, épilinguistiques, professionnels…) à l'élaboration / représentation d'espaces - qu'ils soient sociaux, géographiques, symboliques, territorialisés, communautaires,… - où les pratiques langagières peuvent être révélatrices de modifications sociales.
Espace de discussion, la collection est ouverte à la diversité des terrains, des approches et des méthodologies, et concerne - au-delà du seul espace francophone - autant les langues régionales que les vernaculaires urbains, les langues minorées que celles engagées dans un processus de reconnaissance ; elle vaut également pour les diverses variétés d'une même langue quand chacune d'elles donne lieu à un discours identitaire ; elle s'intéresse plus largement encore aux faits relevant de l'évaluation sociale de la diversité linguistique.

Safia ASSELAH RAHAL, *Plurilinguisme et migration*, 2004.
Isabelle LÉGLISE (dir.), *Pratiques, langues et discours dans le travail social*, 2004.
C. BARRE DE MINIAC, C. BRISSAUD, M. RISPAIL, *La littéracie*, 2004.
Marie LANDICK, *Enquête sur la prononciation du français de référence. Les voyelles moyennes et l'harmonie vocalique*, 2004.
Eguzki URTEAGA, *La politique linguistique au pays basque*, 2004.
Sous la direction de D. CAUBET, J. BILLIEZ, T. BULOT, I. LEGLISE et C. MILLER, *Parlers jeunes, ici et là-bas* (Pratiques et représentations), 2004.

Bernard ZONGO, *Le parler ordinaire multilingue à Paris*, 2004.

Dominique CAUBET (Entretiens présentés et édités par), *Les mots du bled*, 2004.

Cécile VAN DEN AVENNE, *Changer de vie, changer de langues. Paroles de migrants entre le Mali et Marseille,* 2004.

Jean-Michel ELOY (sous la dir.), *Des langues collatérales :Problèmes linguistiques, sociolinguistiques et glottopolitiques de la proximité linguistique (Volume I et II*), 2004

M.A. AKINCI, J.J.DE RUITER, F. SAGUSTIN, *Le plurilinguisme à Lyon*, 2003.

REMERCIEMENTS

A mon collègue Daniel Morgen, directeur du *Centre de formation aux enseignements bilingues* à Guebwiller et directeur-adjoint de l'I.U.F.M. d'Alsace de 1997 à 2004, pour sa collaboration, son aide, ses relectures du manuscrit.

Merci à Mireille Morgen pour la relecture du manuscrit.

Le plus grand merci à mon mari.

Introduction

Comment se construit le bilinguisme ? Des milliers de couples pratiquent quotidiennement deux langues à la maison, certains plus, sans que cela pose problème. Mais comment et à quelles conditions se fait l'apprentissage de ces langues chez leurs enfants? Lorsque la famille n'est pas riche de plusieurs langues, l'école peut-elle être l'agent du bilinguisme? Sans avoir cet objectif aussi ambitieux, la pratique des langues dans le contexte scolaire n'a pas bonne réputation. On prétend que les enfants qui "font" de l'allemand ou de l'anglais depuis l'école maternelle ou pendant leur cursus secondaire, ne "savent" pas l'allemand ou l'anglais. Ils auraient certes appris les bases grammaticales de la langue à l'école, mais ils n'auraient pas vraiment appris à la parler, à communiquer grâce à elle. Au-delà des effets médiatiques d'exagération, il est vraisemblable que les contextes authentiques, stimulants et variés, ont manqué. Il faudrait dorénavant insister pour que les enfants apprennent la langue autrement et mieux à l'école où ils passent le plus clair de leur temps. Les légitimités à ses besoins de langues ne manquent pas. L'importance de l'Europe ne peut s'envisager qu'en favorisant le goût des langues, comme l'a montré l'"*année européenne des langues*" en 2001 qui en plus de l'importance de l'apprentissage des langues, insiste sur la nécessité d'une "*citoyenneté européenne*" (Porcher, Groux, 98, p.101) et de l'importance des enjeux interculturels. Ainsi, pour aller au-delà du simple enseignement des langues, la France a été pionnière en ce domaine en ouvrant des "sections européennes" dès 1992 en collèges et lycées. Quelles sont les finalités de ces "sections européennes" et pourquoi la France n'a-t-elle pas ouvert, comme ses partenaires européens, d'"écoles européennes" ?

Depuis quelques décennies, plutôt que de traiter la langue comme simple objet d'enseignement, on expérimente dans différentes régions des programmes scolaires dans lesquels les enfants utilisent une langue étrangère comme moyen de communication et de transmission de savoirs. Les résultats sont encourageants dans tous les pays où ces expérimentations ont lieu.

C'est en partie le projet de cet ouvrage que de comprendre l'intérêt et l'impact de ces programmes qui intègrent les langues aux contenus disciplinaires. L'ambition de l'éducation bilingue se heurte à un manque d'information et souffre de préjugés persistants. Face à ces constats, ce livre souhaite offrir quelques points de repères aux parents et aux acteurs du système éducatif à qui l'on tente de faire croire, tantôt que le bilinguisme est néfaste, tantôt qu'il constitue une solution miracle.

Dans la première partie, le lecteur découvrira au chapitre 1, les différentes voies d'accès au bilinguisme, celle du "naître bilingue" face à celle du "devenir bilingue" par l'école, qui prend néanmoins appui sur le bilinguisme familial. Ainsi, le chapitre 2 établit des parallèles entre apprendre une première langue et les suivantes, dans un contexte familial ou scolaire. En préalable de la deuxième partie intitulée "l'offre des langues en France", le troisième chapitre analysera différents dispositifs d'enseignements scolaires bilingues dans le monde à l'aide de cinq facteurs : l'école et la société, l'organisation scolaire des dispositifs bilingues, la place et le rôle des élèves, des parents et des enseignants. Seront présentées également quelques constantes des avantages du bilinguisme scolaire et les résistances rencontrées lors de la mise en place de dispositifs bilingues expérimentaux ou généralisés.

La deuxième partie se focalise sur la situation de l'enseignement des langues vivantes en France. Le chapitre 1 fait un état des lieux. Le chapitre 2 explique quelques dispositifs spécifiques tel celui des " langues et cultures d'origine " ou des " sections internationales ", avant de dégager les points forts de quelques écoles bilingues pilotes en France qui, pour diverses raisons, ne peuvent pas être généralisées, mais livrent des facteurs d'analyse intéressants pour un apprentissage bilingue. Le troisième chapitre dresse d'abord un état des lieux de l'enseignement bilingue en France, et compare ces dispositifs aux solutions envisagées ici et là dans le monde, puis présente en détail une scolarité bilingue paritaire (exemple des dispositifs bilingues alsaciens de la maternelle au baccalauréat). Le quatrième chapitre insiste sur l'importance des parents dans l'accompagnement d'une scolarité bilingue de leurs enfants, puis décrit les différentes possibilités pour suivre un parcours scolaire bilingue à partir du secondaire. Celles-ci se distinguent au niveau des objectifs, des langues proposées, des moyens et méthodes mis en place, de la formation des enseignants et du nombre d'élèves inscrits. Le cinquième chapitre propose quelques recommandations aux familles, aux autorités scolaires et aux établissements de formation.

PARTIE 1

NAITRE BILINGUE OU LE DEVENIR PAR L'ECOLE

CHAPITRE 1

PARLER UNE LANGUE, PUIS DEUX

1.1. L'enfant découvre et s'approprie une langue

Ce chapitre fait un tour d'horizon des mécanismes à propos de la découverte du langage par un enfant et son appropriation d'une première langue. Tout homme ne souffrant pas d'un handicap majeur apprend au moins à communiquer dans sa langue maternelle, sa **première langue,** appelée **L1** (langue 1). On évite de plus en plus le terme de **langue maternelle** lié à la mère (en italien *lingua materna*, en anglais *mother tongue*). Le " *fait que la mère de l'enfant, d'une part, entretienne avec lui la relation la plus régulière et continue n'est pas universellement partagé ; d'autre part, il existe des contextes ou la mère parle à l'enfant une autre langue que la sienne : celle du père, dans certaines tribus amazoniennes par exemple, ou encore celle du pays d'accueil dans le cas de certaines familles migrantes.* " (Castellotti, 01, p.21). La langue 1 d'un enfant peut être la langue paternelle, ou une langue tierce si l'enfant habite dans un pays tiers. La langue 1 est celle que l'on s'est appropriée en premier. Cela ne veut pas forcément dire que c'est avec elle qu'on entretient des modes de communication privilégiés. Au sens propre du terme, un bilingue ne peut pas avoir deux langues "maternelles", puisqu'il n'a qu'une mère. Pour éviter ces sous-entendus, le terme L1 propose une utilisation plus neutre.

Ainsi que l'ont attesté des essais cliniques, le nouveau-né reconnaît déjà les sons (musique, bruits) et les sons linguistiques (voix de ses parents, une ou plusieurs langues auxquelles le fœtus a été exposé pendant la grossesse). On peut le vérifier car le nouveau-né suce par exemple plus fortement sa tétine quand il entend la voix (et la langue principale) de sa mère quelques jours après sa naissance que s'il entend une autre voix et d'autres langues. Mais pour l'instant, il ne peut pas encore produire de sons lui-même. Le gazouillement, la formation de sons, le jeu avec des sons répétés constitueront les premières étapes vers son propre langage et sa faculté langagière tout court. On dit que l'enfant est dans une **phase réceptive** quand il comprend, discerne, distingue, emmagasine, et répond à une commande par une réaction non-verbal (par exemple en allant chercher, quelques mois plus tard, ses chaussures quand on le lui demande!). Ce n'est que dans un deuxième temps qu'il réagira avec des mots d'une langue normée compréhensible par des adultes. L'une des difficultés dans les recherches sur l'acquisition langagière consiste dans le fait que pendant très longtemps, on ne pouvait pas observer les processus d'encodage et de décodage dans le cerveau, mais qu'on pouvait uniquement en mesurer les résultats (*output* en anglais), les processus se déroulant dans le cerveau. Il fallait ensuite comparer la production d'un enfant avec celle d'un autre enfant, ou celle du même enfant à un autre moment. Les moyens techniques modernes, et notamment les techniques d'imagerie médicale (IRM), ont apporté, au cours de la dernière décennie, des connaissances spectaculaires sur le cerveau humain. Une **tétine électronique** permettant d'enregistrer les variations d'intensité de la succion, rend possible aujourd'hui l'étude de la discrimination des sons chez les tout-petits et des phénomènes d'habituation (Petit, 01b, p.1). L'enfant produit spontanément des sons, des phonèmes, qui ne seront pas tous retenus dans le spectre des phonèmes utilisés par sa L1. Au fur et à mesure qu'il progresse dans une langue, il va abandonner tous les sons que cette langue n'utilise pas. Le français ayant un spectre relativement étroit de phonèmes par rapport à d'autres langues, les locuteurs francophones de langue maternelle ont des difficultés à prononcer des sons dont ils n'ont plus la pratique : ceci explique en partie le "mauvais accent" de beaucoup de locuteurs francophones exposés trop tardivement à une deuxième langue (Petit, 02).

Dans l'apprentissage de leur première langue L1, les enfants passent à la **phase productive** vers la fin de leur première année. Au niveau phonétique, les enfants commencent à fabriquer des consonnes et des voyelles dès huit mois, puis à les distinguer en enchaînant alternativement **consonnes et voyelles**. L'unité de base pour eux n'est pas le phonème mais la syllabe. En français, le résultat sera *papa, tata,* (ordre consonne - voyelle - consonne -

voyelle), en allemand : *ata* (signifie "sortir" en langage bébé, deux voyelles entrecoupées d'une consonne), *tatü* (imitant le bruit des pompiers ou d'une ambulance), *wauwau* (pour désigner un chien ou un animal à quatre pattes tout court, construction qui contient une diphtongue), ... Les premiers 'mots' des enfants contiennent le plus souvent des **réduplications**, le même segment étant enchaîné deux fois comme dans "*papa*", "Lala" pour le prénom "Laura". Les enfants formeront d'abord de petites unités en réponse à une situation concrète de leur vie (s'habiller, prendre son bain, jouer, reproduire des bruits entendus, reproduire les bruits des animaux sous forme d'onomatopées...) et tenteront de nommer des objets ou des personnes, avant de passer ultérieurement aux déplacements (se rouler, ramper, marcher, etc.). Comme ces gestes de la vie quotidienne du nourrisson et du petit enfant sont accompagnés de langage verbal par la personne qui s'en occupe, c'est la répétition quotidienne dans une **situation authentique** qui aide à mémoriser les premiers mots. Il est important de communiquer verbalement avec son enfant (*input*) bien avant que celui-ci ne réagisse verbalement (*output*). Une entrée (*input)* de bonne qualité avec un minimum régulier d'exposition dans une journée ou une semaine sera aussi requise dans un cursus bilingue, avant de pouvoir espérer une quelconque sortie (*output*), une réalisation de la part de l'élève dans une seconde langue. Krashen a formulé le premier le principe selon lequel *l'input* doit être riche et varié, mais intelligible pour les élèves, et que " *l'input fourni à l'élève soit légèrement au-delà de ses compétences* " (Gajo, 01, p.65), (Krashen, 81). Au moment d'intégrer l'école maternelle française, un enfant âgé de deux ans et demi ou trois ans dispose d'un premier stock de 500 à 700 mots. A partir de 50 mots de lexique, l'enfant commence à procéder à des classifications, c'est-à-dire à une certaine structuration de son vocabulaire. Cela se passe sous le regard attentif des parents et du personnel éducatif dans les crèches. Nous donnons quelques exemples montrant une recherche de règles dans la construction des mots de la part de l'enfant, recherche plus facile et plus fréquente en allemand qu'en français. Les exemples ne se reproduisent bien entendu pas dans le même ordre d'acquisition :

- Exemple de Thibaud (34 mois) : *Kranken-wagen, Kranken-haus* (ambulance, hôpital)

- association de mots comportant une assonance, en français : *mince – pince*

- raisonnement en prototype désignant pour l'enfant un représentant typique de toute une catégorie : en allemand, *Gackack* sert aux très jeunes enfants à désigner les petits poussins, les petits canards, les oiseaux, bref tout ce qui est petit, qui a des plumes, et qui bouge

- recherche de réaction affective. Quand on dit *ballon*, l'enfant répond peut-être *chouette* car il pense qu'on va aller jouer au ballon avec lui

- recherche du contraire : *grand - petit*

- recherche d'antonymie sur une échelle graduée : *rouge - rougeâtre - rose ; bleu ciel - bleu marine - bleu foncé*

- recherche d'une fonctionnalité : *la porte, c'est pour ouvrir et fermer*

- recherche d'une perception : *la porte, c'est en bois...*

Nous développons deux exemples désignant certes la bonne catégorie de "rangement" par l'enfant, mais la mauvaise catégorie sémantique.

1) Laura, environ 8 ans et demi : *C'est la maman de Lucie qui m'a rapportée.* La phrase est construite correctement, mais l'enfant n'a pas tenu compte de la différence 'rapporter un objet – ramener une personne'. Il aurait fallu dire : *C'est la maman de Lucie qui m'a ramenée.*

2) Thibaud (2; 10; 13)[1] veut expliquer en allemand qu'il a laissé tomber un livre derrière la commode. Il dit : *Ich hatte Buch runtergeschütt.* Sa sœur de six ans et demi éclate de rire. Et pour cause ! En allemand, le verbe ‚*schütten*' ne s'utilise que pour quelque chose qui coule ou peut couler, mais un livre est par définition un objet solide auquel ce verbe ne s'applique pas, d'où un désordre sémantique. Il aurait fallu dire : *Ich habe das Buch runtergeworfen,* mais cela supposerait qu'il l'ait fait exprès, ou alors : *Mir ist das Buch hinuntergefallen,* pour insister sur le fait que ce livre est tombé tout seul et qu'il n'a pas fait tomber le livre exprès.

---

[1] Se lit dans la littérature spécialisée « 2 ans ; 10 mois ; 13 jours ».

On remarquera par ailleurs que l'enfant utilise déjà correctement une forme verbale au passé avec la conjugaison du verbe auxiliaire ‚avoir' et le participe du verbe porteur de sens, le fameux "*schütten*", même si la phrase n'est pas encore correcte au niveau de la norme. L'article manque également. Cet exemple illustre parfaitement le phénomène de **l'interlangue**, un ensemble de règles que l'apprenant prend pour la norme jusqu'à ce qu'on le corrige ou lui explique : pour ce garçon âgé d'à peine trois ans, la phrase commence par le sujet, exprimé par le pronom personnel désignant sa propre personne, suivi de la forme conjuguée du verbe, puis le complément d'objet direct, et enfin le participe tout à la fin, ce qui correspond à la norme de la phrase allemande. En revenant un peu en arrière dans l'évolution langagière de l'enfant, on pourrait dire que lors de l'apprentissage d'une première langue, l'entourage de l'enfant a bien conscience qu'il faut du temps avant que l'enfant ne dise 'papa' pour la première fois, et que de toute façon, on ne peut pas brusquer ou accélérer l'apprentissage dans cette **phase de latence** où l'enfant comprend visiblement ce qu'on lui dit (= perception d'une nouvelle forme linguistique), mais ne réagit pas encore verbalement (= disponibilité de la forme linguistique pour la communication) (Calvé, 92).

Tout le monde apprend à marcher, tout le monde apprend à parler, ce n'est qu'une question de temps. Par la suite, les parents et l'entourage de l'enfant seront beaucoup moins indulgents pour l'apprentissage d'une deuxième langue (= langue 2 dorénavant L2), notamment dans le cadre scolaire. Nous avons déjà rencontré des parents qui s'étonnaient de voir que leur enfant, au bout de trois mois, en petite section bilingue, en Alsace ne "parlait" pas encore l'allemand à Noël! Parallèlement au **lexique**, aux mots de vocabulaire stockés, l'enfant développe sa capacité à construire des phrases, à enchaîner les mots en unités plus complexes, c'est ce qu'on appelle le développement de la **syntaxe**. Dans beaucoup de langues en Europe, l'ordre des étapes de l'apprentissage est comparable : réponse d'abord par un mot, puis en "mots-phrases" de deux mots, de trois mots, puis construction d'unités plus complexes à partir de l'âge de trois ans. Exemples :

Mot-phrase en français :

- "*tombé*" (interprétation : une chose est tombée),
- "*dodo*" (interprétations possibles en fonction du contexte : il ou elle dort, la poupée dort, ou l'enfant lui-même veut dormir),
- Phrases de deux mots "*papa pati*" (interprétation : papa est parti ou papa est sorti),
- Phrases de trois mots "*bébé veut pas*" (interprétation : *le bébé ne veut pas* en désignant une troisième personne, ou : *je ne veux pas*, l'enfant se désignant lui-même comme *bébé*).

Pour les phrases complexes, l'enfant a besoin d'élaborer un système verbal lui permettant d'exprimer une concordance des temps et des modes. Il élabore parallèlement des concepts cognitifs comme la temporalité, la causalité, la finalité, etc., et les réalise dans sa langue forte L1 quand il est monolingue. Ainsi, le concept de temporalité peut être détecté dès que l'enfant utilise "*quand*", celui de la causalité quand il utilise *parce que* ou *car* [2], la finalité quand il emploie *pour* +infinitif, *pour que*. On part de la production langagière de l'enfant pour détecter les concepts sous-jacents qu'il est en train d'acquérir. Pour les concepts cités en langue française, le début de cet apprentissage se situe entre trois et quatre ans. Nous constatons un parallélisme frappant dans les étapes d'acquisition de beaucoup de langues européennes, avant que ne surgissent les développements particuliers à chacune des langues. La subordonnée en français est par exemple plus simple qu'en allemand, parce que la syntaxe reste la même dans la proposition subordonnée. En allemand, par contre, le verbe est rejeté à la fin de la subordonnée. Par conséquent, des enfants élevés en français et en allemand vont alors développer en français plus tôt des phrases de mise en relief du type "*c'est lui qui…*" par rapport à la phrase relative en allemand.

Exemple de Jens (3 ans 7 mois) : "*J'ai vu une auto qui était montée sur le trottoir*". La phrase allemande aurait été beaucoup plus complexe et n'est maîtrisée de ce fait que plus tard : *Ich habe*

---

[2] "Car" est utilisé à tort pour la causalité, il introduit plutôt l'explication en lien avec la temporalité. L'erreur d'emploi est fréquente chez les dialectophones alsaciens ou chez les germanophones.

ein Auto gesehen, das auf dem Bürgersteig gefahren ist (Kielhöfer, Jonekeit, 85, p.50). Mais on a toujours observé des enfants défier les constantes et sauter des étapes, surtout lorsqu'ils passent tardivement à la phase productive. Au lieu de faire des petites unités d'un ou de deux mots, ces enfants construisent tout de suite des phrases de trois éléments au moins. Cela fait partie des différences d'évolution entre les enfants. Les parents de deux enfants ou plus vont confirmer que le développement langagier de leur aîné et de leur cadet s'est globalement déroulé de la même manière, mais peut-être avec un décalage temporel d'une acquisition dans tel ou tel domaine. Il n'y a pas un seul développement normal et normé, mais très tôt les différences individuelles apparaissent. Pour dégager néanmoins une constante, les garçons parlent souvent un peu plus tardivement que les filles (Pease, 01, p.130) : si l'on croit certains chercheurs, les hommes ne disposeraient pas d'une capacité cérébrale spécifique pour la parole, contrairement aux femmes. Le deuxième enfant parle souvent un peu plus tôt que le premier, profitant de l'expérience transmise par l'aîné ou de l'expérience acquise par les parents. Quant aux **jumeaux**, ils constituent un domaine de recherche à part. Les jumeaux se caractérisent par le fait qu'ils communiquent très tôt entre eux, mais que leur communication passe fréquemment par des éléments non-verbaux. Ils développent souvent plus tardivement que les autres enfants un langage dans le respect de la norme phonétique ou syntaxique compréhensible par d'autres enfants ou adultes. Mais là encore, il y a de nombreuses exceptions à la règle.

1.2. L'enfant grandit avec deux langues

Certains enfants sont exposés dès leur naissance (et de fait, pendant la grossesse, ce qui a son importance), à deux langues. On parle alors **d'apprentissage précoce** ou **d'apprentissage simultané** de deux langues. Jusqu'à environ deux ans, les éléments des deux langues sont mélangés et peuvent se combiner, car le tout constitue pour l'enfant un système langagier unique. Mais rapidement, ces enfants arrivent à identifier que le papa n'utilise pas la même langue que la maman. Ils parlent de **langue du père** et de **langue de la mère** avant de découvrir ultérieurement qu'il s'agit de l'allemand, du français, ... Dès l'âge de deux ans, les enfants distinguent les deux réalisations linguistiques et développent une **conscience linguistique**, en tentant de ranger toute nouvelle personne rencontrée dans une des deux cases, par exemple "*la langue de papa*" versus "*Mamasprache*". Un peu plus tard, les enfants utilisent également des paraphrases comme "*er redet Deutsch wie Mama*" (il parle allemand comme maman), ou "*il parle français comme papa*". Ils ont une vision double du monde qui les entoure.

L'arrivée du père ou sa voix au téléphone va spontanément déclencher le français chez l'enfant quand il s'agit du père, de même, le fait de voir sa maman va déclencher l'allemand. L'emploi simultané des deux langues au sein du couple bilingue avait été conseillé en 1913 au germaniste français Jean Ronjat (Ronjat, 13) par son ami, le grammairien et phonéticien français Maurice Grammont, d'où le nom de **méthode Ronjat-Grammont**. C'est ce principe issu du bilinguisme familial dans lequel on distingue "**une personne - une langue**", qui est utilisé dans bon nombre de systèmes éducatifs bilingues, comme par exemple les classes bilingues en Alsace et dans la majorité des cursus bilingues en France, Bretagne exceptée. Dans la plupart des classes bilingues de l'académie de Strasbourg, deux maîtres interviennent, l'un pour les enseignements en allemand, l'autre pour les enseignements en français. L'arrivée du maître dans la classe est sensé déclencher spontanément la langue requise. Les enfants issus de **couples mixtes** baignent par **immersion** dans un **bain linguistique** double, le bain linguistique maternel et paternel. Pendant la petite enfance, ils sont d'ailleurs tout à fait volontaires pour traduire des mots qui posent problème à l'un des parents, ils se sentent valorisés et fiers de pouvoir servir d'intermédiaire. En revanche, beaucoup d'enfants bilingues se bloquent par rapport à des interlocuteurs venus leur demander de traduire un énoncé quel qu'il soit, quand ils soupçonnent que c'est uniquement pour tester leur niveau de compétence dans les deux langues. La **langue de la famille** est parmi les deux utilisées dans le couple celle que les deux conjoints maîtrisent le mieux. C'est celle qui sera utilisée le plus souvent à table, en voiture, le dimanche en famille ce qui paraît contraire au principe de Ronjat-Grammont car cela suppose qu'à un certain moment un parent abandonne sa langue. Mais comme il n'y a qu'un abandon "passager" d'une des langues pendant les interactions à plusieurs dans le contexte familial, alors que les interactions en face à face continuent de se passer selon le principe de Ronjat-Grammont, ce compromis est viable. Cela nécessite cependant une présence à peu près égale des deux parents auprès de l'enfant qui est parfois difficile à réaliser. Il est vrai que pour ces raisons, certains couples abandonnent ce principe et choisissent une troisième langue, afin que ni la langue du père ni celle de la mère ne soit sur-représentée pour l'enfant. Si la langue de la famille est celle de l'environnement du pays dans lequel la famille réside (par exemple le français en France), cette langue deviendra la **langue forte** de l'enfant : c'est celle dans laquelle il communique le plus, fait le plus d'expériences, acquiert des savoirs (à l'école monolingue le plus souvent) et l'utilise dans bon nombre de jeux avec les copains. La **langue de l'environnement** est souvent la langue forte de l'enfant. En revanche, on appelle **langue faible,** la langue que l'enfant maîtrise dans moins de situations, dans moins de compétences (comprendre, parler, lire, écrire) et à des degrés de maîtrise moins élevés. C'est celle qu'il pratique avec moins d'intensité, par exemple parce qu'il ne peut se rendre qu'une fois par an chez ses grands-parents au Portugal. Il est essentiel que la langue faible devienne de temps en temps la langue de l'entourage pour l'enfant, par exemple lors de voyages et vacances dans ce pays. Le fait qu'une langue soit faible et l'autre forte n'est pas figé à tout jamais : en effet, la langue faible peut devenir la langue forte pendant un **séjour d'immersion** dans le pays. La **métaphore de l'immersion** sert également à caractériser une période d'exposition intense, plus ou moins longue, à la langue étrangère au cours de la scolarité ou lors de séjours à l'étranger. A l'inverse, chez un enfant bilingue équilibré avec deux langues "fortes" à l'âge de 5 ans, une des langues peut devenir faible, si le contact est interrompu avec le pays ou la personne qui la représente, lors d'un divorce des parents par exemple. Contrairement à ce qu'on croit communément, le bilinguisme naturel n'est pas acquis pour toute la vie. Le cas de **bilinguisme déséquilibré,** dans lequel une langue domine l'autre, est d'ailleurs le plus répandu. Pendant la période d'acquisition, il arrive évidemment que les enfants **mélangent** les deux langues : soit le mot dont ils auraient besoin n'est momentanément pas disponible dans leur tête et ils se contentent du mot dans l'autre langue par commodité, c'est plutôt le cas de jeunes enfants pour qui le stock de lexique dans les deux langues forme encore un tout, soit l'évènement dont ils veulent parler s'est déroulé dans l'autre langue. Les enfants bilingues qui racontent une histoire survenue à l'école ont tendance à rapporter cette histoire dans la langue dans laquelle ils l'ont vécue, même s'ils la racontent au parent qui représente pour eux l'autre langue. Un enfant bilingue franco-italien peut par exemple raconter à sa mère italienne une dispute dans la cour de récréation en ayant recours au français, alors que c'est normalement elle qui représente l'italien dans la famille. Le poids de l'environnement est dans ce cas plus fort que le principe "une personne - une langue", mais seulement si l'interlocuteur comme ici la mère, maîtrise les deux langues.

Des enfants bilingues, en dehors de la période d'acquisition, vont d'ailleurs emprunter des mots à l'autre langue en jouant avec d'autres enfants bilingues des mêmes langues, par exemple français-allemands : soit que le mot et le concept n'existent pas dans l'une des deux langues ou qu'il est socioculturellement plus parlant (*Gummibärchen*[3], *Die Sendung mit der Maus*,[4] passe-moi le *Sprudel* s'il te plaît[5]....) , soit pour le plaisir de jouer avec les langues (fonction ludique). Cette fonction ludique de la langue est attestée pour beaucoup d'enfants bilingues, elle contribue à leur créativité. Les enfants plus âgés utilisent le mélange plutôt par jeu ou comme stratégie de communication, pour former un groupe à part, celui des jeunes bilingues parlant "mixte" (*Mischmasch* en allemand). Les **mélanges de langues** apparaissent surtout au

[3] Ce sont des bonbons HARIBOs en forme de petits ours en couleurs (sucreries).

[4] Emission de télévision allemande éducative très connue depuis des décennies, avec une souris comme animal principal. L'industrie du jeu a développé beaucoup d'objets dérivés.

[5] *Sprudel* est la dénomination générique pour l'eau minérale gazeuse, la boisson "nationale" des Allemands.

niveau du vocabulaire parce que " les mots appris les premiers, les mots les plus courants ou plus généraux remplissent les lacunes lexicales de l'autre " (Kielhöfer, Jonekeit, 85, p.67). C'est ainsi que Jens et Olivier chez Kielhöfer et Jonekeit préfèrent *Käfer* en allemand (coccinelle), terme désignant une *Volkswagen* (un modèle déjà ancien de VW), mais également terme générique pour dénommer toutes sortes de coléoptères là où le français ne connaît que des mots scientifiques d'origine étrangère. Le stade des phrases à deux mots peut comporter un enchaînement de français (*papa auto*), d'allemand (*Oma Auto* prononcé cette fois-ci à l'allemande) ou des deux (*aller-auch* pour dire qu'il veut aussi y aller, exemples de Thibaud à l'âge de 23 mois). Un autre exemple de Laura, franco-allemande âgée de six ans et un mois : *"Ich kann meinen "lacet" schon zumachen, Christina noch nicht"* (Traduction : "J'arrive déjà à nouer mes lacets, Christine pas encore"). Raconter une histoire conduit fréquemment à un **changement de langue** pour la suite de l'histoire à partir du mot emprunté dans la chaîne phonique : A titre d'exemple, dans un *Kindergarten* allemand (jardin d'enfants de 3 à 6 ans) se déroule une semaine française. Les enfants apprennent les couleurs du drapeau français, "bleu-blanc-rouge". Bien des semaines après, les enfants allemands utilisent, pour les couleurs, "bleu-blanc-rouge" en français et non pas les noms des couleurs en allemand. On constate souvent que les enfants plus jeunes ont tendance à ne faire des emprunts que d'un ou de deux mots alors que les enfants plus âgés parlent plus longtemps l'autre langue avant de revenir à la leur. Quand les mélanges occasionnels deviennent par contre systématiques et les emprunts lexicaux et syntaxiques s'infiltrent dans toutes les phrases, une nouvelle langue naît. Celle-ci peut devenir la nouvelle norme pour la famille sans qu'elle en ait conscience dans un premier temps. Les membres de la famille finissent tellement par s'y habituer que cette nouvelle **langue mixte** leur semble normale et qu'elle s'élève au rang d'une nouvelle langue de famille, par rapport à la langue de l'environnement par exemple. La non-séparation fonctionnelle des langues et le non-respect de la norme initiale (lexique et syntaxe en français par exemple) sont parfois responsables du fait que certains enfants soumis à un bilinguisme familial non équilibré n'apprennent aucune des langues correctement, mais ne connaissent les deux langues qu'à moitié, on parle alors de **semi-linguisme.** Quand il y a semi-linguisme, il y a un décalage important entre une langue forte prestigieuse présente dans l'environnement, par rapport à une langue faible moins prestigieuse limitée à la sphère familiale.

Le changement de langue au sens phonétique, morphologique ou syntaxique, est souvent accompagné d'un changement de comportement langagier (formules de politesse par exemple), éventuellement d'intonations, de gestes et de mimiques destinées à consolider la réception. Par exemple, il suffit de dire en allemand "*Guten Morgen*" sans spécifier à qui on s'adresse, alors qu'on dirait "bonjour Monsieur" ou "bonjour Madame" en français. Parfois le changement de langue est accompagné **d'interférences**. Ainsi dans le cas suivant (Kielhöfer, Jonekeit, 85, p.42), le petit Jens n'a pas modifié le genre du nom allemand *"Schnecke"* (féminin en allemand) lors de son passage en français (*Schnecke* → *escargot* – genre masculin) : Jens, franco-allemand de trois ans et deux mois, dit à son frère Olivier : *"Guck mal, die Schnecke ! Sie geht 'raus ! "*, puis à la mère française : *"Regarde-la ! Elle sort* !" Les interférences peuvent porter sur le vocabulaire, des faux-amis, sur des phénomènes grammaticaux ou communicatifs. L'allemand utilise par exemple la formule "*Danke – bitte*" pour remercier et pour demander quelque chose, alors que le français n'utilise "*s'il vous plaît*" que pour demander quelque chose et non pas pour remercier, avec le sens de "il n' y a pas de quoi". On ne considère plus aujourd'hui les interférences comme des fautes à réprimer, mais comme la preuve d'un système langagier individuel qui se met en place dans la tête de l'apprenant. Si l'enseignant maîtrise lui-même les deux langues en contact, il peut mettre en place un " *enseignement prenant en compte ces prévisions de façon à éviter ces erreurs 'incontournables'.* " (Castellotti, 01, p.69). L'interférence désigne " *les influences essentiellement négatives que la L1 exercerait sur la L2* ". Sur la base de ces éléments perturbateurs, l'enfant construit la nouvelle langue. Le système linguistique qu'il pense être celui de la norme cible, sans pour autant qu'elle coïncide avec cette langue-cible, cette langue en formation, c'est ce qu'on appelle **l'interlangue**. "*Son impact, son* *stade de développement, ses aspects idiosyncrasiques dépendent notamment de variables individuelles, sociales, en rapport avec la situation d'apprentissage ainsi que, le cas échéant, de variables didactiques (méthodologiques)*" (Vogel, 95, p.19). Le cas cité montre que l'enfant de trois ans maîtrise déjà la catégorie grammaticale du genre, mais qu'il hésite encore entre l'emploi du masculin et du féminin. La phase de **mélange** des deux langues est généralement passagère, sauf quand d'autres problèmes cognitifs ou affectifs interviennent dans la situation de bilinguisme naturel, chez l'enfant. Le terme de **bilinguisme naturel** est répandu dans la littérature, mais il induit quelque peu en erreur en insinuant que l'enfant bilingue devient bilingue *naturellement*, c'est-à-dire sans effort et simplement par la présence des deux langues dans son environnement. C'est un leurre, car pour permettre à un bilingue de naissance d'atteindre un bilinguisme équilibré, beaucoup d'efforts et de stratégies parentales doivent être mis en place afin qu'il puisse maîtriser le plus de situations de communication possibles dans les deux langues. Il en est de même pour le bilinguisme scolaire : mettre son enfant dans une école bilingue et s'attendre à ce que la fréquentation seule permette à l'enfant de devenir bilingue risque de mener à des mécomptes ou à des désillusions.

Ce qui distingue un enfant bilingue de naissance d'un enfant devenu bilingue par un enseignement scolaire, c'est qu'il possède, en dehors des aspects culturels, un répertoire plus grand et une plus grande séparation fonctionnelle des langues. L'enfant bilingue de naissance va spontanément utiliser la langue de l'environnement ainsi que la langue familiale requise, mais il dispose également d'une **langue de jeu** en plus, d'une **langue de l'humour**, d'une **langue affective** etc. Ces répertoires langagiers font souvent défaut à l'enfant bilingue ne disposant que d'une **langue de l'école et des savoirs scolaires**. Il est d'ailleurs tout à fait intéressant d'observer des frères et sœurs bilingues de naissance changer de langue en fonction du jeu, du thème de l'échange, de la complexité du récit, etc. Le bilingue n'emploie pas arbitrairement les deux langues à sa disposition, mais les utilise avec des **fonctions** propres, selon l'interlocuteur, le thème, la situation et d'autres données (Kielhöfer, Jonekeit, 85, p.21). Sanders (Sanders, 83, 40-45) distingue surtout, pour la communication entre frères et sœurs, la

fonction ludique de la langue utilisée, et la **fonction cryptique** (énoncé qui ne peut pas être compris de quelqu'un d'autre que de l'interlocuteur choisi).

S'il fallait donner une définition du bilinguisme, on pourrait dire avec Renzo Titone (Titone, 74, p.11), que le bilinguisme consiste en *" la capacité d'un individu de s'exprimer dans une seconde langue en respectant les concepts et les structures propres à cette langue, plutôt qu'en paraphrasant sa langue maternelle. (...) Le sujet bilingue n'éprouve aucune difficulté à passer d'un code linguistique à l'autre "*. Cependant, les recherches sur l'acquisition précoce et simultanée de deux ou trois langues, toutes relativement récentes, montrent qu'il n'y a pas un seul bilinguisme, mais des formes variées de bilinguisme. Il n'est donc pas nécessaire d'insister davantage sur les définitions globales. Les premiers chercheurs du XXe siècle ont par ailleurs analysé leurs propres enfants concernés par le bilinguisme, parce qu'il n'y avait que de cette manière que l'on pouvait faire des observations sur une période plus longue. Malheureusement, ils n'indiquent que rarement les conditions dans lesquelles s'est déroulé l'apprentissage, parce que les variables importantes dans l'acquisition n'étaient pas encore repérées. Nous donnons quelques exemples de publications de renommée internationale dont l'objet est le propre enfant bilingue du chercheur. Le petit Louis Ronjat est devenu célèbre parce que son père, le chercheur français J. Ronjat et sa femme allemande, ont suivi le conseil de leur ami Maurice Grammont d'une séparation fonctionnelle des langues (Ronjat, 13). Louis est devenu un bilingue équilibré. Le linguiste américain d'origine allemande, Werner Leopold, a observé le développement bilingue de sa fille *Hildegard* dans *Speech Development of a Bilingual Child*, (Leopold, 39-49). Le prestige social moindre de la langue allemande et la situation d'émigré aux Etats-Unis pendant et après la deuxième guerre mondiale, ont fait que la petite Hildegard n'est pas devenue bilingue équilibrée comme Louis Ronjat. La famille anglaise Smith a analysé l'apprentissage linguistique de ses enfants grandissant en Chine (1935) et les Burling, Américains, ont étayé leur étude sur des documents issus de leur séjour en Inde (1959). Cette tradition des "linguistes-parents" se perpétue de nos jours avec des auteurs comme Alberto

Fantini (anglais-espagnol), Georges Sanders (anglais-allemand), Traute Taeschner (italien-allemand), Dan Slobin (anglais-turc) (Deprez, 94, p32). Le linguiste allemand et professeur d'université en anglais, Henning Wode, a fait au début des années 80 une recherche sur ses quatre enfants allemands, en acquisition spontanée de l'américain lors d'un séjour de six mois en Californie (Wode, 81). Il montre bien qu'en fonction de l'âge de ses enfants au moment de **l'immersion**, certaines compétences se développent mieux chez l'enfant jeune (comme par exemple la prononciation), d'autres chez les plus âgés (la justesse grammaticale par exemple). Il ne s'agit pas ici d'un couple mixte, mais d'une situation d'expatriation temporaire d'une famille allemande aux Etats-Unis dans le cadre d'une recherche. Pour donner un dernier exemple, un père allemand, professeur d'université Bernd Kielhöfer, et une mère française, Sylvie Jonekeit, vivant chacun de leur côté en couple avec des partenaires de nationalité différente en Allemagne, ont confronté leurs expériences dans le bilinguisme familial franco-allemand de leurs enfants. Le livre relate l'évolution linguistique des deux enfants de Sylvie, Olivier et Jens. Prenant en compte deux langues ayant un prestige social équivalent, le français et l'allemand, ce livre a permis d'analyser des facteurs comme le poids du père dans la transmission du langage chez les enfants, la langue du jeu chez les enfants, etc. Le livre est destiné aux parents concernés par la question et qui ne seraient pas spécialistes du bilinguisme. L'original est écrit en allemand (Kielhöfer, Jonekeit, 83), la traduction française a paru deux ans après également chez Stauffenburg. Ce livre est en quelque sorte l'équivalent pour le bilinguisme familial de ce que nous tentons de faire avec le présent ouvrage consacré au bilinguisme scolaire. Pour rester dans le domaine franco-allemand, la recherche-action menée par Gabrielle Varro, avec l'appui de l'Office franco-allemand (Varro, 95) fournit un appareil statistique : les mariages mixtes en France et en Allemagne de 1975-91, la transmission religieuse dans les familles bilingues et biculturelles ainsi que des témoignages de leur vécu d'enfants et de parents qui ne sont pas chercheurs. Un dernier groupe de publications évoque la biographie plurilingue de ses auteurs : Anna Lietti (Lietti, 94), née dans une famille italophone, évoque sa scolarité dans l'école allemande de Milan ; Gilbert

Dalgalian (Dalgalian 00) nous fait participer à son bilinguisme dès l'enfance qui a créé les bases pour un plurilinguisme plus tard ; Janet Aleemi (Aleemi, 91) part de son cas personnel pour poser le problème de la situation sociale et psychique des enfants bilingues de naissance quand ils grandissent. Elle est elle-même bilingue allemand-anglais, mais dans sa famille se côtoient trois cultures : la culture allemande, l'anglaise et l'indienne. Ces quelques livres donnent un aperçu en matière de bilinguisme familial, observé et analysé par les parents-chercheurs ou des personnes concernées. Ils apportent quelques éléments concernant la situation du bilinguisme franco-allemand qui sera au cœur de la deuxième partie, chapitre II.3. *Suivre une scolarité bilingue.*

Il existe souvent chez les bilingues des écarts entre la maîtrise de L1 et L2, sans que l'on puisse toutefois parler de véritables **retards de langue**. L'apprentissage d'une langue pouvant considérablement varier chez les enfants, il faut une certaine tolérance et une grande connaissance de la norme en question avant de s'affoler d'un 'retard.' Le développement de la L1 est le plus souvent comparable à celui des enfants monolingues de cette langue. Un enfant bilingue franco-allemand vivant en France aura un développement langagier comparable en français aux enfants français de son entourage, il sera peut-être même légèrement en avance en français du fait de la conscience métalinguistique acquise en allemand et en français. Un retard ou plutôt un **décalage** entre les langues quand elles sont apprises simultanément (Kielhöfer, Jonekeit, 85, p.61) est seulement observé dans la L2, si l'on compare les enfants à des monolingues, par exemple aux enfants allemands en Allemagne : comme le petit franco-allemand élevé en France manque d'occasions de pratiquer l'allemand et que son parent représentant l'allemand ne peut pas fournir des situations de communications dans tous les domaines, l'enfant pratique alors sa L2 avec moins d'intensité. Cela entraîne un temps de réflexion ou d'hésitation plus important, des lacunes dans le vocabulaire de la langue faible, etc. Une deuxième raison indépendante du fait que l'une des langues soit forte et l'autre faible est qu'un phénomène linguistique précis est souvent plus complexe dans l'une ou l'autre langue. C'est ce que nous avons illustré avec l'exemple de la subordonnée, cité plus haut, où le système de l'allemand était plus complexe et se mettait plus tardivement en place. Les **attitudes positives ou négatives** jouent un rôle important dans la réussite ou l'échec d'une éducation bilingue. En terme d'attitudes face au bilinguisme, il convient de distinguer l'attitude des parents ou de l'entourage de celle de l'enfant lui-même par rapport à son propre bilinguisme. Le facteur sociolinguistique est déterminant pour une aventure bilingue, c'est lui qui provoque des perturbations dans les langues, à cause de "*ce qu'on appelle pudiquement le prestige inégal des langues*" (Lietti, 94, p.16). Autrement dit, si une langue est considérée comme inférieure par le locuteur lui-même ou par son environnement, l'attitude envers cette langue et la situation bilingue seront plus facilement négatives, pouvant conduire jusqu'au **refus de l'enfant,** temporaire ou définitif, de pratiquer cette langue. La pression sociale joue un rôle négatif. C'était le cas de l'italien en Allemagne dans beaucoup de familles immigrées dans les années soixante, c'est encore parfois le cas de l'arabe aujourd'hui en France, pour ne citer que ces exemples. Un bilinguisme allemand-français pour lequel on considère que les deux langues jouissent d'un **statut** égal, a plus de chances de réussite qu'un bilinguisme allemand-portugais, dans lequel le portugais a un **prestige social** moindre. Si les parents et l'entourage ont par contre une attitude positive à l'égard du bilinguisme et des rapports affectifs et verbaux intenses dans les deux langues, leurs enfants sont plus motivés et les deux langues s'installent plus facilement. Susanne Mahlstedt recense dans son ouvrage *Zweisprachigkeitserziehung in gemischtsprachigen Familien. Eine Analyse der erfolgsbedingenden Merkmale* (Mahlstedt, 96) onze facteurs de réussite pour la transmission d'un bilinguisme naturel chez l'enfant, et onze facteurs constituant un handicap. Elle se demandait, au départ, pourquoi, dans des familles où les deux langues sont présentes, certains enfants deviennent bilingues équilibrés, d'autres non. Elle a analysé 36 couples utilisant deux langues au foyer (c'est le facteur constant), mais dans des conditions différentes. A partir de cette observation, elle a dégagé les variables suivantes : combinaison de langues, style d'éducation, niveau socioculturel, identité ethnique des membres de la famille.

Nous présentons d'abord les facteurs favorisant, selon elle, le bilinguisme naturel :

11 facteurs de réussite, d'après Susanne Mahlstedt (Mahlstedt, 96, pp.206-207)

1. Les deux parents sont compétents dans les deux langues, ils sont eux-mêmes bilingues, ce qui a pour conséquence qu'ils servent de modèles motivants à leurs enfants.

2. La langue non utilisée dans l'environnement est celle choisie, à l'intérieur du couple, comme langue du partenaire et comme langue familiale. Un tel choix crée un contrepoids par rapport à la pression de la langue de l'environnement.

3. La personne représentant la langue non présente dans l'environnement, utilise sa langue selon le principe " une personne - une langue ", ou alors la langue familiale est celle qui n'est pas présente dans l'environnement.

4. Les deux langues jouissent d'un prestige égal / statut égal ou comparable.

5. Les parents ainsi que leurs amis / leur entourage ont une attitude positive envers le bilinguisme et l'éducation bilingue.

6. Les parents n'ont pas une identité ethnocentrée (Pateau, 98), mais une identité biculturelle, et ils essaient de la transmettre à leurs enfants.

7. Les parents ont une personnalité forte et œuvrent consciemment pour la transmission du bilinguisme.

8. Les parents s'occupent intensément de leurs enfants, y compris dans le domaine linguistique.

9. Les parents ne cèdent pas face à des difficultés ponctuelles, même face au refus temporaire d'une des langues.

10. La famille voyage souvent dans le pays de la langue moins représentée, afin que les enfants puissent la vivre comme langue de l'environnement. La famille reçoit des personnes parlant la langue moins représentée.

11. Dans le lieu où il habite, l'enfant côtoie d'autres personnes qui parlent cette langue.

A l'inverse, suivent les facteurs qui font que l'enfant a moins de chances de développer un bilinguisme. Plus on est concerné par des points de la liste suivante, moins on a de chances de transmettre le patrimoine de deux langues et deux cultures à son enfant.

Onze facteurs de difficultés ou d'échec, d'après Susanne Mahlstedt (Mahlstedt, 96, pp.207-208)

1. Le parent étranger souhaite fortement s'intégrer et a même tendance à s'assimiler ; il ne maintient pas la présence de sa langue dans la famille.

2. La langue faible n'a pas de fonctionnalité claire au sein de la famille, au contraire, le parent étranger ne l'utilise que de façon épisodique ou pas du tout.

3. Les parents éduquent leurs enfants dans les deux langues de façon non réfléchie, c'est-à-dire sans stratégie parentale cohérente.

4. Le prestige de la langue non représentée dans l'environnement est faible ou négatif.

5. Parents et amis doutent d'une éducation bilingue. Ils ont des préjugés à son encontre.

6. Le parent de la langue du pays ne comprend pas la langue du partenaire étranger et ne fait rien pour l'apprendre.

7. Les parents ne font pas preuve d'une personnalité forte et n'œuvrent pas consciemment pour la transmission du bilinguisme.

8. Le parent étranger n'a pas beaucoup de temps à consacrer à son enfant ou n'a pas de bonnes relations affectives avec lui.

9. Face au refus de langue des enfants, le parent étranger se voit contraint de renoncer à sa propre langue maternelle (L1).

10. La famille ne se rend pas dans le pays de la langue première d'un des parents, que ce soit pour des raisons d'éloignement ou par indifférence.

11. En dehors de la seule personne parlant cette langue à la maison, l'enfant n'a pas de contact avec d'autres représentants de cette langue.

CHAPITRE 2

UNE EDUCATION BILINGUE EN FAMILLE ET A L'ECOLE

2.1. Formes de bilinguisme

Si autant de systèmes scolaires bilingues se sont mis en place depuis quelques décennies, c'est un peu grâce aux jugements positifs en faveur du bilinguisme (Kielhöfer, Jonekeit, 85, p.9). On pense communément qu'apprendre deux langues dès la naissance est un "jeu d'enfant", mais qu'apprendre une seconde langue à l'école (surtout secondaire) représenterait un effort pénible, parce que l'enfant est plus âgé, et que les conditions scolaires d'apprentissage seraient moins favorables qu'une situation de **bilinguisme naturel** dès la naissance. De plus, on espère que l'apprentissage d'une troisième langue sera facilité si on maîtrise déjà bien deux langues. Par conséquent, dans nombreux systèmes éducatifs les enfants sont très tôt sollicités dans deux langues, souvent à partir de trois ans.

Claude Hagège dans son livre *L'enfant aux deux langues* (Hagège, 96) présente un aperçu historique de la pluralité linguistique en Europe et décrit les politiques adoptées par les différents Etats membres pour faire face à leur diversité linguistique interne. Convaincu que le bilinguisme est l'avenir de l'Europe, il plaide en faveur de l'apprentissage précoce des langues étrangères. Son livre, comme le nôtre, s'adresse aux acteurs de l'éducation, mais aussi aux parents. L'objectif de tout enseignement bilingue est de travailler sur les éléments favorisant l'acquisition d'une seconde langue et d'éliminer ou de réduire ceux empêchant l'apprentissage, pour arriver à un bilinguisme additif équilibré de préférence, mais " *le bilinguisme dit équilibré, qui suppose une compétence égale dans les deux langues, est d'une espèce très rare et réclame des soins constants* " (Lietti, 94 , p.16). Dans le **bilinguisme additif**, la langue 2 vient s'adjoindre à une langue maternelle qui n'est ni réduite, ni méprisée, mais va se trouver au contraire renforcée et valorisée par l'apport de cette L2. Dans le meilleur des cas, le bilinguisme additif devient **équilibré**.

Dans le cas contraire, on parle de **bilinguisme soustractif** au profit de la langue valorisée socialement, au détriment de la langue dévalorisée dans l'environnement, les enfants ne pratiquant pas le bilinguisme de façon équilibrée. Cela peut aller jusqu'au **semi-linguisme,** cas où les enfants ne maîtrisent couramment ni la L1 ni la L2 et peuvent même présenter des déficits cognitifs. C'est ce qui peut arriver dans des familles où le bilinguisme est pratiqué de façon peu réfléchie, contrairement aux couples bilingues qui transmettent consciemment et avec certaines stratégies parentales le patrimoine linguistique et culturel des deux parents. Christine Deprez parle de **bilinguisme d'élite** en l'opposant à la notion de **bilinguisme de masse** (Deprez, 94, chap.7) alors qu'Anna Lietti (Lietti, 94) qualifie ce phénomène de **bilinguisme pour riches** et de **bilinguisme pour pauvres**. Le rapport de l'O.C.D.E. (Abdallah-Pretceille, 88) parle de **bilinguisme noble** (pour des langues occidentales en jeu) et de **bilinguisme coupable** perçu souvent comme un obstacle à l'apprentissage de la langue du pays d'accueil : langue de minorités ethniques, migrantes ou régionales (Groux, 96, p.198).

2.2. Processus d'acquisition

Les formes de bilinguisme présentées dans le chapitre précédent sont en quelque sorte le résultat visible de processus d'acquisition, plus cachés. L'acquisition de la première langue de l'enfant ou de ses deux premières langues, s'il est bilingue de naissance, se fait "naturellement", c'est-à-dire sans que l'entourage essaie systématiquement de guider ce processus. On peut qualifier ce processus de **processus** d'**acquisition,** contrairement à **l'enseignement** qui tente de guider systématiquement ce processus d'apprentissage, de le soutenir, de le faciliter, et d'en mesurer les résultats.

Modèles d'acquisition - Il est intéressant de voir si les processus d'apprentissage / d'acquisition d'une première et d'une seconde langue sont les mêmes. S'ils ne le sont pas, il conviendrait de chercher à identifier ce qui les différencie. Quatre hypothèses sont citées le plus souvent, à savoir la thèse de l'identité du processus d'acquisition de L1 et L2, la thèse contrastive, le modèle du moniteur et la théorie d'Anderson.

a) Selon **l'hypothèse d'identité** (Wode, 74), (Dulay, Burt, 74) l'acquisition d'une L1 et celle d'une L2 sont identiques dans la plupart des domaines. Des différences existeraient cependant dans le développement cognitif et social de la personne, dues à la différence d'âge au moment de l'acquisition, dans la prononciation qui n'est souvent parfaite que dans une L1 alors qu'en L2, on perçoit toujours … un petit accent. Cette thèse sous sa forme radicale est aujourd'hui dépassée car on n'apprend pas une L2 sur une "tabula rasa", comme si on n'avait jamais appris une L1 avant (Klein, 89, p.38). Au contraire, chaque nouvelle langue se mettra d'autant plus facilement en place que la personne en question en maîtrise déjà d'autres. La nouvelle didactique du plurilinguisme (Meißner, Reinfried, 98) utilise cette mémoire pour apprendre rapidement d'autres langues proches d'un point de vue typologique. Car ce qu'on ne fait qu'une fois dans la vie, c'est développer la faculté du langage (Klein, 89). Une fois cette faculté acquise, toutes les autres langues apprises ultérieurement ne sont que des extensions dans la façon de parler et de voir le monde.

b) Selon **l'hypothèse contrastive**, toute nouvelle langue L2 sera déterminée par la L1 et ses structures déjà acquises auparavant, une L3 par rapport à la L1 et L2, etc. Cette influence peut aller en renforçant de façon positive certains traits : si on a appris certaines catégories grammaticales par exemple en L1, on les apprendra plus vite pour une L2 si elles coïncident. "*Les domaines où les deux langues en présence se différencient fortement sont cause de difficultés d'acquisition et d'erreurs* " (Klein, 89 , p.40). L'apprenant est en quelque sorte induit en erreur, ce qui provoque un transfert négatif et des interférences. L'hypothèse de Lado (1957) de pouvoir prédire les difficultés des apprenants si on analysait suffisamment les deux langues en présence s'est avérée infructueuse parce que les "*prédictions sur d'éventuels transferts devraient être basées non sur la comparaison de propriétés structurales, mais sur la façon dont l'apprenant traite ces propriétés* " (Klein, 89, p.41). Il ne s'agit pas de nier le fait que la connaissance de la L1 par l'apprenant influence la façon dont il saisit et apprend une L2, L3, mais tant que la linguistique contrastive s'occupait séparément du descriptif des inventaires, sans lien avec l'acquisition, il ne pouvait y avoir des prévisions fiables. L'approche de Petit dans un nouveau champ appelé **psycholinguistique acquisitionnelle** tente de relier à la fois la connaissance indispensable des deux systèmes linguistiques en présence, les facteurs du contexte (psycholinguistique) et les processus acquisitionnels. Nous renvoyons ici à ses travaux approfondis menés depuis plus de 20 années dans ce domaine (Petit, 01b, pp.194-195). L'apprentissage d'une seconde langue se base sur les **catégories cognitives** acquises lors de la première langue telles que temporalité, spatialisation, dénomination et appartenance d'objets, etc. Il est parfois nécessaire de modifier ces catégories d'une langue à l'autre. Ainsi, un jeune Français monolingue grandit dans l'idée que tout objet est soit masculin, soit féminin. Il pense que le genre grammatical est bipolaire : le soleil, la lune. Quand il commence tardivement, à son entrée au collège, l'apprentissage de l'allemand, son système bipolaire et donc sa façon de voir le monde, s'écroule : l'allemand connaît en effet trois genres : le masculin et le féminin comme en français, mais en plus, une troisième possibilité qui est la marque du neutre : *der Mann* (masculin), *die Frau* (féminin), *das Kind* (neutre). Pour un bilingue français-allemand, cela n'a rien d'inhabituel : depuis tout petit, il est habitué au fait que les locuteurs d'une de ses langues partageaient les objets du monde en deux (les français), ceux de l'autre (les allemands), en trois. Son système catégoriel (et donc grammatical) est plus élargi et plus souple. Chacune des langues ayant un statut bien spécifique et étant liée à un environnement bien défini, cela ne pose aucun problème.

Exemples d'interférence dus à un traitement contrastif en L1 et L2 :

1) La grand-mère demande à sa petite-fille Laura (13; 3; 24) *: Tu peux aller me chercher 5, 6 brins de persil ?*

Laura : *Oui.* Elle sort.

Laura revient à la porte et demande : *De la frisée ou de la plate ?*

Mamie : *Du frisé.*

2) Une petite fille de 7 ans environ (L1 allemand, L2 français) arrive en retard au cours de français donné par F. Lenôtre à des petits Allemands à Hanovre. Son excuse : *Ma montre est restée debout !*

Dans le premier exemple, il s'agit d'une enfant bilingue français-allemand de naissance qui vient de passer dix jours en Allemagne, le pays de sa langue faible. C'est ensuite le début d'un séjour de vacances en France chez les grands-parents français. Nous sommes au deuxième jour et la mécanique française de certains mots moins couramment utilisés par l'enfant n'est pas encore tout à fait installée : l'enfant vient de pratiquer la langue allemande presque exclusivement depuis une bonne semaine et a intériorisé "*die Petersilie*" (féminin en allemand). Elle utilise inconsciemment la catégorie féminine pour mettre l'accord : "*De la frisée ou de la plate ?*", alors que l'accord grammatical nécessiterait le masculin (le persil), forme correctement utilisée par la grand-mère. C'est ce qu'on appelle une **interférence grammaticale.** Dans le deuxième cas, l'enfant parle dans sa langue faible, le français, en ayant recours à la traduction intérieure : Ainsi on dirait en allemand : " *Meine Uhr ist stehengeblieben* ", ce qui signifie 'ma montre s'est arrêtée (de marcher)'. Or, "*stehen*" tout seul en allemand, se traduit dans beaucoup de contextes avec "debout", par opposition à "assis" (*stehen* vs *sitzen*). L'enfant s'est laissé induire en erreur par la polysémie du mot allemand "*stehen*".

c) Dans la troisième hypothèse du processus d'acquisition, dénommée le **modèle du moniteur** ou théorie du contrôle, Krashen (Krashen, 81) établit dans les années soixante-dix une séparation nette entre **l'acquisition spontanée** comme processus subconscient, à l'insu de l'apprenant, implicite, orientée vers la signification (Gajo 01, pp.26, 62), (Klein, 89, p.44) avec pour but principal la volonté de comprendre et de se faire comprendre, et **l'apprentissage** comme processus guidé conscient avec une connaissance réflexive, explicite, processus orienté vers la forme et développant une capacité de jugement grammatical. Même si cette opposition nette n'est plus acceptée telle quelle dans la communauté des chercheurs, elle a le mérite de fournir un modèle d'explication surtout pour l'apprentissage des adultes. La thèse centrale est que l'apprentissage n'est rendu possible que par le "contrôleur", le "moniteur". Dans une perspective psycholinguistique, le "moniteur" interne est alors une sorte d'instance de contrôle qui régit l'apprentissage, parce que chaque production linguistique est comparée à ce que l'apprenant a intériorisé comme étant la règle supposée ou réelle du fait grammatical en question. En quelque sorte, l'apprenant surveille sa production langagière parce que le moniteur influe sur le traitement linguistique réel et le modifie. Pour cela, il faut que l'apprenant dispose de suffisamment de temps lors de la production linguistique, que la forme produite diverge de la forme correcte et qu'il connaisse la forme correcte. On peut attribuer un certain crédit à ce modèle du moniteur par la comparaison avec la langue maternelle : il nous arrive de nous reprendre au milieu d'une phrase, quand nous sommes en train de construire une forme grammaticale erronée. Il y a donc bien un contrôle de nos productions langagières, une référence à une norme. L'idée d'une séparation nette entre les processus d'acquisition inconscients par rapport au contrôle qu'on peut effectuer consciemment par l'apprentissage et donc aussi par l'enseignement, est encore partagée par de nombreux enseignants postulant deux ordres de savoirs différents : ce que les élèves apprennent à l'école avec une certaine progression établie par l'enseignant relève du processus guidé ; ce qu'apprennent les élèves en dehors de l'école, de façon un peu moins structurée (influences de la musique américaine pour l'anglais, petites situations de communication lors d'un déplacement en Allemagne, etc.) serait donc de l'ordre de l'acquisition non guidée. Un collègue, nous rapporte le cas suivant : Un élève qui n'allait jamais en Allemagne, ne parlait jamais allemand et très peu en classe, s'en sortait brillamment à l'oral du bac dans une conversation improvisée. Selon Krashen (Krashen, 81), ces cas ne devraient pas exister car dans son modèle, l'apprentissage conscient de règles (par l'école) ne joue qu'un rôle marginal dans l'appropriation d'une L2. Mais la théorie de Krashen ne formule pas de prédictions sur les régularités concrètes selon lesquelles l'acquisition se déroule ni sur les facteurs qui la déterminent. Ses recherches portaient sur l'anglais langue seconde, appris aux Etats-Unis par les hispanophones, d'où les limites de sa théorie pour un contexte français.

d). Avec la théorie d'Anderson (Anderson, 82, pp.369-406) sur les **savoirs déclaratifs et les savoirs procéduraux,** ce phénomène peut par contre s'expliquer. Cette théorie fournit un modèle satisfaisant des opérations cognitives de l'apprentissage, largement repris aujourd'hui par les cogniticiens. Le modèle d'Anderson laisse une place à différentes voies d'apprentissage ou d'acquisition, conscientes ou inconscientes et donne plus de poids à l'environnement linguistique qui sera aussi riche et varié que possible. Ce modèle d'apprentissage, compatible avec une théorie psycholinguistique de la communication en L2 (Levelt, 89), fournit un modèle cognitif de l'appropriation d'une langue étrangère en classe. Elle a comme prémisse que l'appropriation d'une langue relève de processus généraux de l'apprentissage et non du développement d'un processus mental spécifique. Elle propose ensuite un modèle des activités cognitives de l'apprenant au cours des processus d'apprentissage et ne se contente pas d'affirmer sommairement l'existence d'une acquisition implicite, inconsciente et incidente, véritable "boîte noire" à laquelle il est impossible d'avoir accès. Anderson appelle "déclaratives" les connaissances langagières ou non " *associées à la connaissance de concepts, de significations, de schémas, de propositions et de règles* ". Au-delà des connaissances déclaratives qui sont statiques, l'apprenant a besoin des connaissances procédurales " *pour comprendre, produire et acquérir de faits de langue* " (Vogel, 95, p.199). Des recherches centrées sur les processus d'acquisition sont en cours en Alsace afin d'établir une description des exercices et tâches scolaires diverses en classe d'immersion français-allemand. L'objectif est de définir la nature exacte des apprentissages effectivement réalisés au moyen d'exercices divers dans différentes disciplines, et de faire un bilan critique des principes et pratiques pédagogiques mis en œuvre.

Facteurs externes et internes dans l'acquisition et l'apprentissage - La famille bilingue est dans l'heureuse situation d'installer un bilinguisme simultané chez le jeune enfant. Le système linguistique est alors réparti en deux zones de référence (Lüdi, 98). L'école quant à elle, ne peut opérer que sur un **bilinguisme différé ou consécutif**. Cela veut dire que pour les élèves monolingues, la **fonction du langage** (qui ne se construit qu'une fois dans la vie) se construit avec une seule langue, appelée langue maternelle ou langue 1. On rajoute ensuite d'autres langues, toujours sur la base de L1. Dans le cursus bilingue, l'enfant scolarisé est confronté à une deuxième langue. Selon les pays ou les régions, cette phase a lieu, le plus souvent, pendant les années d'école primaire, parfois même dès la maternelle comme au Luxembourg ou en Alsace. Parfois, la deuxième langue n'est introduite qu'à l'entrée dans le secondaire comme c'est le cas des filières bilingues en Allemagne. Le moment de l'acquisition a des répercussions sur la façon d'apprendre. Nous présentons les six composantes de l'acquisition et apprentissage d'une langue, identifiées par Klein (Klein, 89). Les trois premières composantes du processus déterminent le processus d'acquisition : l'impulsion à apprendre (a), la capacité linguistique (b) et l'accès à la langue (c). Le processus peut ensuite être caractérisé selon trois points de vue : la structure du développement (d), le rythme d'acquisition (e), et l'état final (f).

a) Le premier facteur est la **motivation d'apprendre** une langue. Nous avons vu que cette impulsion pouvait être différente pour une L1 et une L2. En effet, toute personne possédant une L1 n'a plus vraiment besoin d'une L2 pour communiquer, sauf quand elle se trouve dans un pays où l'on parle cette langue étrangère. L'attitude par rapport au fait d'apprendre des langues ou d'apprendre tout court, joue également un rôle. Pour les petits, cela peut être le fait de vouloir faire plaisir à la maîtresse (bilingue) ou d'avoir de bonnes notes à l'école primaire.

b) Le deuxième facteur est la **faculté** ou **capacité linguistique** ou **la faculté de parler** (De Saussure, 1916) dont les déterminants biologiques sont le cerveau et les organes de perception ainsi que la motricité. Ces dispositions permettent la discrimination des sons et plus tard la production de sons, et de mots. Klein rajoute dans cette deuxième variable, la composante biologique (distinguer et produire des sons) ainsi que le savoir contextuel nécessaire pour décrypter une situation langagière, dans laquelle on a également besoin d'une certaine connaissance du monde : par exemple, le petit enfant comprend que l'on dort dans un lit, qu'on se met à table pour manger, que les adultes vont travailler, que les enfants vont à l'école, …

c) **L'accès à une langue** peut être très différent : il se fait par acquisition naturelle en milieu familial ou par un enseignement. De plus, la langue peut être proposée uniquement par voie orale ou avec des informations complémentaires, telles que la gestuelle, la mimique, l'écrit, ... L'accès peut être indirect et restreint, comme dans l'enseignement du latin. La **structure** du processus d'acquisition : l'apprenant établit un premier système de règles appelé l'interlangue, qu'il modifiera autant de fois que nécessaire, jusqu'à ce qu'il se rapproche le plus près de la norme de la langue-cible.

d) Le quatrième facteur détermine la **rapidité** du processus d'acquisition : s'agit-il d'un stage intensif avec immersion dans le pays, de 15 minutes de cours tous les jours pendant une seule année scolaire, ou d'un enseignement immersif tout au long de la scolarité? Le processus suit un certain rythme qui n'est pas forcément constant.

e) Des facteurs internes tout comme des facteurs externes interviennent dans le **rythme d'acquisition**. En premier lieu, les **facteurs internes** (Kielhöfer, 97, p.19) : pour qu'un enfant puisse apprendre à parler, il faut que ses organes de production sonore soient en bon état, qu'il entende bien, qu'il arrive à articuler. Vient ensuite le développement du cerveau, la latéralisation, la maîtrise du déplacement dans l'espace, qui vont lui permettre de progresser dans la conceptualisation, la symbolisation, et le développement de certaines catégories cognitives. C'est entre un an et demi et six ans que le développement langagier est le plus rapide et le plus spectaculaire (Kielhöfer, 97, p.19), mais même dans cette phase, l'enfant n'apprend pas tout seul. Il apprend toujours oralement, avec les autres, donc en dépendance de son environnement. Les **facteurs externes** doivent également être favorables. Développer le langage, c'est chercher un contact, une communication avec l'environnement. Le développement langagier d'enfants placés dans un orphelinat ou une très grosse structure d'accueil, voire en hôpital, montre que celui-ci est souvent quelque peu en veille par rapport à celui d'autres enfants vivant en structure familiale. Si les stimuli linguistiques sont moins fréquents (*input*), l'enfant a moins l'occasion de réagir (*output*), il progressera alors moins rapidement. Nous connaissons un enfant placé en orphelinat à la naissance dans un pays d'Amérique du Sud. La famille française présélectionnée pour l'adoption a pu le voir pour la première fois quand il avait environ un mois. Elle s'est inquiétée de l'immobilisme de l'enfant et son peu d'intérêt pour son environnement. Les recherches au niveau de la santé et notamment de l'ouïe n'ont révélé aucune déficience, la famille s'est alors aperçue que l'enfant se réveillait littéralement au bout de quelques jours parce que pour la première fois, il y avait des personnes qui s'en occupaient quotidiennement avec amour. Auparavant, il était nourri et soigné, mais manquait d'affection. Ce bébé a ensuite très vite trouvé une joie de vivre. Trois facteurs externes sont donc importants : la structure de la famille, le climat ainsi que son statut économique et culturel. En ce qui concerne la structure familiale et sa composition (présence du père et de la mère, ou structure mono-parentale), le nombre et l'âge des frères et sœurs sont importants ainsi que le contact éventuel avec la génération des grands-parents ou la famille au sens large. Plus l'enfant a de contacts affectifs réguliers, plus son développement langagier sera riche et son lexique varié. Dans des familles avec plusieurs enfants, les frères et sœurs remplacent souvent les parents au niveau de l'input linguistique après des enfants plus jeunes. Le statut socio-économique de la famille, la profession du père et de la mère, le niveau culturel de la famille sont également importants. Mais ce qui est essentiel, c'est le climat affectif qui règne dans la famille : entre les parents, entre les enfants et l'attitude des parents envers leurs enfants. Quand un enfant bilingue de naissance réagit par un refus de pratiquer la langue d'un des parents, c'est souvent à cause d'une mauvaise relation affective avec celui-ci, lors d'une séparation des parents par exemple. Les effets sont peut-être moins visibles pour des enfants monolingues, mais les conséquences peuvent également être graves.

L'**état final** de l'apprentissage souhaité est la maîtrise "complète" de la langue-cible, l'approche le plus près possible de la norme linguistique. Certains apprenants vont atteindre un état de stabilité avant d'avoir atteint ce niveau d'excellence, leur processus d'acquisition est pratiquement stoppé. Il faut savoir que même les locuteurs natifs d'une langue la maîtrisent à des degrés divers : l'utilisation de dialectes, de registres et sociolectes (variantes linguistiques propres à une classe sociale), de langue de spécialité propre à certaines professions les différencient. La progression de l'apprentissage ne suit pas toujours une évolution constante jusqu'à la maîtrise complète parce que l'apprenant a tendance à rester sur ses acquis, à intérioriser des fautes, à les fossiliser (Selinker, 72). La fossilisation désigne " *le fait que l'acquisition ne progresse plus au-delà d'un certain stade et que certaines productions erronées des locuteurs subsistent de manière tenace.* " (Castellotti, 01, p.94). C'est la prononciation, l'accent qui se fossilisent le plus rapidement, alors qu'en syntaxe et surtout en lexique, on continue encore à faire des progrès et à acquérir une langue plus riche. En période de stress ou de fatigue, certains apprenants réutilisent des variétés de langue et des étapes d'interlangue qu'ils avaient déjà dépassées dans l'apprentissage conscient, réflexif. Cela se remarque quand quelqu'un fait un certain type de "fautes", alors qu'il les avait en principe déjà éliminées et qu'il utilisait depuis longtemps la forme correcte.

Apprentissage et enseignement - Chacun a besoin d'une langue pour communiquer avec son entourage et comprendre le monde qui l'entoure. Si la première langue acquise (L1) joue ce rôle, la finalité de l'apprentissage de la langue 2 sera différente (Sarter, 97, p.32). Au moment où l'enfant va commencer à l'école l'apprentissage d'une L2, il a déjà acquis la faculté du langage en L1, et il a trouvé sa place dans des relations familiales et sociales. Son développement cognitif et psychique est suffisamment avancé pour comprendre que l'apprentissage d'une L2 n'est rien de plus qu'un moyen supplémentaire pour communiquer avec le monde, d'après Sarter. Or, un moyen supplémentaire, on peut ou non s'en servir, voire le refuser. Il faut alors déclencher l'envie d'apprendre cette langue par d'autres moyens. L'enseignement des langues vivantes à l'école tente de tirer parti d'un processus naturel d'appropriation d'une langue, de façon à optimiser ce processus. Pour une langue maternelle, on utilisera pour la petite enfance, le terme **d'acquisition**, alors que le terme langue vivante est toujours associé à un processus **d'apprentissage**. Dans une perspective psycholinguistique, ce processus d'apprentissage est régi par certains facteurs agissant sur le déroulement, la rapidité et le résultat atteint dans la langue-cible. Ces facteurs peuvent être influencés par un enseignement encadré. Celui-ci se réfère à un modèle psychologique d'apprentissage qu'incarne l'enseignant. En didactique scolaire des langues, plusieurs grands modèles psychologiques d'apprentissage sont utilisés (Puren, 99b, p.33). Nous les présentons brièvement. Dans la pédagogie traditionnelle, on part du postulat que " *l'élève apprend passivement par assimilation directe du savoir préparé et transmis par l'enseignant ou le matériel* ". Il suffit pour cela que l'élève soit attentif en classe. Dans la méthode immersive - le bain linguistique en quelque sorte - " *l'élève apprend spontanément par exposition et pratique intensives* ". Pour obtenir un effet durable, il faut multiplier en classe et hors classe les occasions de contact avec la langue. Dans les méthodes actives, " *l'élève apprend activement en réagissant aux sollicitations verbales du maître ou du matériel* ". Il ne suffit pas d'être attentif en classe, mais il faut que l'élève agisse, pratique la langue. Dans le dernier modèle, celui de l'approche cognitive, "l'élève apprend activement par construction personnelle de son propre savoir ". Il doit donc " *participer en classe de manière réfléchie* ".

Il est évidemment plus aisé de faire des recherches dans des **conditions d'apprentissage** encadrées, en contexte scolaire ou dans des cours de langue pour adultes par exemple. Cela permet de déterminer les variables fortes qu'Albert Raasch a rassemblées dans un "octogone didactique" (Raasch, 00, p.35) qui comporte : le **cadre institutionnel** avec le nombre d'heures d'enseignement par exemple, l'organisation des cours, la coopération institutionnelle, la coopération transfrontalière ; les **enseignants** et le modèle qu'ils représentent, leurs compétences, leur formation, leurs attitudes, la coopération, les traditions ; les **méthodes** et styles d'enseignement ; les **médias** et matériaux pédagogiques utilisés ; les **apprenants** et leurs attitudes ; leurs réaction et tendances ; leurs compétences et capacités, leurs besoins. Dans le cas d'élèves, il faut également tenir compte des parents , de leurs opinions ; les **contenus** des cours : contenus de langue (structures, mots) de culture, de disciplines ; les **objectifs** d'apprentissage (performances cognitives et linguistiques, objectifs psychologiques / affectifs , objectifs sociaux) ; l'**évaluation** (des connaissances, des aptitudes et des attitudes).

Avec "l'octogone", on peut observer l'interdépendance des variables et faire des prévisions concernant les interactions de tous les facteurs rentrant en ligne lors de l'apprentissage d'une langue. Les autorités scolaires et les financeurs le savent et demandent des évaluations. De ce fait, pratiquement tous les dispositifs bilingues sont évalués, parfois en interne, parfois par des évaluateurs externes. Cependant, accompagner un enfant depuis l'âge de six mois durant toute la période d'acquisition du vocabulaire et des structures de base à l'oral - jusqu'à ce que l'enfant atteigne l'équivalent écrit, en fin de scolarité primaire - demande une recherche plus longue et plus complexe, car le nombre de variables et d'influences auxquelles est soumis l'enfant, est infiniment plus grand. Cela explique en partie pourquoi ces recherches sont souvent menées par les propres parents de l'enfant - qui ne sont peut-être pas toujours les observateurs les plus neutres. La nécessité d'une très longue durée d'observation est également la raison pour laquelle il est difficile de procéder à des évaluations objectives, au sens scientifique du terme, d'autant plus que le rôle de la famille est déterminant et que l'on ne peut savoir ce qui se passe réellement dans les familles, même dans la sienne.

En guise de bilan à l'issue des deux premiers chapitres, nous recommanderions : plus de patience dans l'acquisition et l'apprentissage d'une nouvelle langue ; moins d'exigence vis-à-vis d'une production orale précoce en L2 chez les tout-petits ; moins d'exigence aussi à l'égard de l'enseignement scolaire, vu le faible taux d'exposition à la L2 en volume horaire ; plus d'exigence par contre dans la correction phonétique parce que les défauts de prononciation sont difficiles à corriger et s'installent souvent définitivement ; plus de richesse et de diversité dans l'offre linguistique dont l'enfant a besoin, de préférence en faisant intervenir différents locuteurs de la langue-cible ; une réflexion en tant que professeur ou parent concernant l'acquisition de la première langue (L1) et à l'apprentissage du français dans l'école française pour des enfants francophones "de naissance" ou non ; une réflexion sur sa biographie linguistique personnelle (de parent ou d'enseignant), sur ses propres conditions d'apprentissage, son cadre, sa motivation, la part de subjectivité notamment en tant que parent.

Une éducation bilingue conduit au bilinguisme plus ou moins équilibré chez les enfants. Elle peut être réalisée au sein de la famille (bilinguisme familial) ou au sein de l'école (bilinguisme institutionnel), chacune ayant ses caractéristiques et ses limites propres. C'est la conjonction des deux - d'un bilinguisme familial et scolaire - qui donne le plus d'occasions aux enfants de pratiquer les deux langues à l'écrit comme à l'oral, de façon implicite comme explicite. Ce sont ces enfants doublement bilingues qui peuvent être les plus performants dans la maîtrise des deux langues et cultures pendant leur scolarité, mais rien n'empêche que les autres acquièrent le même niveau de compétences, après la scolarité, s'ils s'expatrient peut-être pour un certain temps dans le pays de la langue faible.

CHAPITRE 3

ENSEIGNEMENTS BILINGUES DANS LE MONDE

3.1. Langues vivantes : introduction précoce et modèles d'enseignement bilingue

Ces dernières années, la plupart des pays européens ont rendu obligatoire l'enseignement d'une langue vivante dès l'école primaire (Danemark, Grèce, Espagne, Pays-Bas, ...). Dans certains pays ou régions, cette extension est en cours de généralisation (communauté française de Belgique, Allemagne, Angleterre, Pays de Galles) comme en France qui abaisse progressivement l'âge d'entrée dans l'enseignement d'une langue vivante du primaire vers la maternelle. Pour tous ces pays, il s'agit le plus souvent de la généralisation d'une introduction précoce de langue vivante considérée par son statut et ses méthodes d'enseignement comme langue vivante étrangère (LV ou LVE en France). Cette préoccupation de vulgarisation est nouvelle. En témoigne l'ouvrage de Porcher et Groux paru dans la collection "Que sais-je" (Porcher, Groux, 98), dans lequel les auteurs font un état des lieux de l'apprentissage précoce des langues. Pour l'Académie de Strasbourg, ils font figurer le dispositif national en faveur de l'enseignement des langues vivantes de l'Education nationale (appelé "voie extensive"), mais également la voie intensive bilingue paritaire. Le statut et les objectifs de cette dernière sont différents puisque la voie bilingue paritaire se situe dans le cadre de l'enseignement des langues régionales en France. Cet enseignement relève en France soit de l'Education nationale, soit d'écoles privées ou associatives, sous contrat ou non avec l'Etat. En comparaison des dispositifs nationaux, qui comportent une à trois heures de langue en école primaire et qui sont en voie de généralisation, on constate que les dispositifs spécifiques de cursus bilingues profitant d'une approche beaucoup plus intensive (13 heures de cours en langue régionale ou davantage quand il ne s'agit pas de l'Education nationale) - sont plus rares. Ils sont très minoritaires par rapport à des dispositifs presque généralisés d'introduction précoce d'une langue vivante étrangère. **L'enseignement bilingue** existe depuis des siècles pour les élites sous des formes bien spécifiques, comme celle consistant à recruter des enseignants étrangers pour l'instruction des enfants. Or, cet enseignement ne se généralise et ne se développe pas encore de la même manière dans les écoles publiques. En France, ce sont des dispositifs de langue régionale, écoles associatives *calendretas, bressolas, diwan* etc., qui ont commencé à démocratiser ce type d'enseignement. Ils cohabitent avec des écoles spécifiques dont l'accès est réservé à certaines populations. Pourtant, certains pays poursuivent des objectifs plus ambitieux que ceux de la France dans la généralisation de modèles bilingues scolaires : l'Irlande, le Luxembourg, la Catalogne, les vallées ladines du Tyrol du Sud pratiquent par exemple sur tout leur territoire (bilinguisme territorial) non pas une, mais deux ou trois langues pour tous dès le primaire ! Les établissements bilingues en Egypte (Porcher, Groux, 98, pp.42-44) proposent des cursus bilingues français et arabe dès la maternelle, auxquels on rajoute l'anglais dès la troisième année de primaire, pour arriver à un cursus trilingue. Le Liban également, avec des cursus arabe et anglais ou arabe et français, mais dans des établissements privés surtout, et encore dans très peu d'établissements publics (Chalmel, 99). De même, les écoles catholiques en Palestine proposent un bilinguisme arabe et français, voire arabe et allemand, dans des écoles de la minorité luthérienne autour de Bethlehem par exemple. La Turquie propose depuis longtemps des cursus turc et français. Sans ériger ces pays en modèles à copier, il faut se demander à partir de quel contexte de société, de tradition scolaire et de langues en présence, ce modèle est possible. Dans ce chapitre, nous décrirons certains des dispositifs bilingues de part le monde et expliquerons les concepts et les politiques linguistiques sous-jacentes qui peuvent varier d'un pays à l'autre. Selon leur lieu d'implantation, les sections bilingues portent des noms divers (sections européennes, internationales, linguistiques, sites paritaires…) et leur mise en place s'organise à des niveaux différents de la scolarité, tantôt dès l'école maternelle (Luxembourg), tantôt à l'école primaire (Turquie, Moyen Orient, Val d'Aoste, Andalousie), tantôt au collège ou lycée (Allemagne, Italie, Europe centrale et orientale). La langue est enseignée comme langue étrangère ou langue seconde dans une section bilingue et constitue également la langue d'enseignement et de communication pour certaines disciplines. L'objectif le plus souvent annoncé est d'ordre linguistique : par rapport à l'enseignement traditionnel qui faisait d'une langue une discipline isolée, déconnectée du reste des enseignements, il est aujourd'hui avéré qu'on apprend mieux une langue en la faisant fonctionner, en l'instrumentalisant. Si les enseignements disciplinaires sont dispensés dans une langue suffisamment concise et correcte (pas exclusivement par des enseignants natifs), cette stratégie s'avère effectivement le plus souvent bénéfique. L'enseignement bilingue n'entraîne alors aucun retard dans les programmes. Mais ce n'est pas le seul objectif de l'enseignement bilingue. Un enseignement en deux langues vise aussi à améliorer les compétences cognitives de l'apprenant et les connaissances d'ordre méthodologique et scientifique dans le champ de la discipline concernée. De nombreux pays d'Europe centrale et de l'Est, mais aussi du Sud-est asiatique mettent en avant de tels objectifs. Certains pays ciblent alors les disciplines scientifiques en langue étrangère (Vietnam, Turquie, Afrique du Nord), alors que d'autres préfèrent les matières relevant des sciences humaines (Allemagne, Italie) ou proposent les deux au choix (Espagne, Finlande, France). L'aspect culturel et l'ouverture vers l'autre sont également des objectifs affichés. Une telle instrumentalisation de la langue est adoptée depuis une quarantaine d'années dans l'enseignement secondaire de divers pays. Elle a fait son entrée dans l'enseignement secondaire français, notamment dans les sections dites européennes, mais également dans certains dispositifs de langues régionales qui se mettent en place dès la maternelle. Les programmes et contenus enseignés en L2 sont très variés : certains pays comme l'Espagne, la Turquie ou la France poursuivent des programmes nationaux, d'autres visent à confectionner des programmes intégrés, spécifiques (écoles européennes, sections internationales, sections *Abi-bac,* avec, naturellement, tous les niveaux intermédiaires d'harmonisation). Les dispositifs suivants concernent des systèmes bilingues avec un enseignement au minimum d'une discipline linguistique, mis en place pendant au moins l'un des deux ou trois cycles scolaires (le nombre de cycles pendant la scolarité obligatoire varie en fonction du pays). Cette méthode est diffusée par le Conseil de l'Europe sous le sigle **E.M.I.L.E.** (enseignement d'une matière par l'intégration d'une langue étrangère). Laurent Gajo la qualifie de troisième génération d'enseignement bilingue ou immersif.[6] Pour le secondaire en France, on parle souvent de **D.N.L.** (Discipline non linguistique) au singulier, ce qui montre que les enseignants se situent davantage dans une logique disciplinaire et non pas trans- ou interdisciplinaire.

Dans une première approche très sommaire, on peut distinguer deux grands dispositifs dans le monde : Les premiers, appelés **programmes de maintien linguistique** (Beardsmore, 00, p.82), dans lesquels la langue utilisée en cours est une langue déjà présente chez les enfants ou chez leurs parents. C'est une langue utilisée depuis longtemps sur le territoire, qui est devenue minoritaire dans un territoire donné par rapport à une langue majoritaire : langue héritée de l'époque coloniale, langue apportée dans le pays par une grande religion, dialecte, langue de la culture (le français au Liban ou en Allemagne, à différentes époques) par rapport à la langue des autochtones. Les langues régionales de France (Cerquiglini, 99, 03) sont par exemple considérées comme langues minoritaires, mais aussi comme langues du patrimoine. La dénomination "langues de France" est utilisée dans ses discours par Jack Lang en 1993 par rapport à la langue majoritaire qui est le français. Le rapport de Charles de Lespinay (1999) distingue entre les langues régionales ayant un territoire défini, et les langues "trans-régionales" sans territoire défini, parlées en France métropolitaine et Outre-mer, alors que Geneviève Vermès (Vermès, 88), dans son tome 1 des *Vingt-cinq communautés linguistiques de la France*, utilise également la dénomination "langues régionales" pour celles ayant un territoire défini et

[6] La première génération a réfuté une objection : une scolarisation en L2 n'a pas de retombées néfastes pour la L1, la deuxième génération a montré que l'enseignement d'une matière peut profiter à la langue 2 (perspective linguistique), la troisième génération montre qu'un tel enseignement bilingue doit "profiter" à la discipline dans une perspective de didactique disciplinaire transversale. (Gajo, 01, p.9).

"langues non territorialisées" pour les autres. Par l'application de leur politique linguistique, les gouvernements respectifs garantissent un certain statut à une langue minoritaire - sans territoire défini ou dans un territoire donné, auquel cas on parlera de bilinguisme territorial (Niemeier, 00, p.33). Le frison en Frise du Nord ou le sorabe dans la région de Basse Lusace dans un des nouveaux Länder allemands, le gallois au pays de Galles par rapport à l'anglais, le catalan ou le breton en France, le ladin dans les territoires autonomes d'Italie bénéficient ainsi de mesures de soutien et de protection. Cependant, les mesures concrètes varient cependant fortement entre pays.

Les seconds, appelés **programmes d'enrichissement** (Wode, 95, p.50), sont des dispositifs dans lesquels la langue 2 n'est pas naturellement présente dans la population. En partant d'un groupe homogène de monolingues en L1, on introduit à un dosage important une langue étrangère de grande diffusion internationale là où elle n'est pas spontanément présente. Exposés ainsi à un bain linguistique intense des cours de langue et des disciplines scolaires enseignées dans la langue-cible, les élèves deviennent bilingues grâce au système scolaire. Il s'agit d'un bilinguisme fonctionnel (Niemeier, 00, p.33). Les langues cibles sont souvent des langues occidentales prestigieuses d'où le nom de bilinguisme noble (O.C.D.E., 93) parfois donné à ces programmes. Les lycées franco-allemands de Buc, Sarrebruck et Fribourg / R.F.A. peuvent être cités en exemple. Selon Klein (Klein, 89), la rapidité d'acquisition dépend de la durée et de l'intensité d'exposition à cette langue et de la motivation de l'apprenant. Le rapport de 1996-97, émanant de la Commission académique d'évaluation de l'enseignement des langues en Alsace (Académie de Strasbourg, 97, p.6), confirme que les performances de compréhension en allemand augmentent en fonction de trois variables : l'âge, l'horaire d'immersion (3, 6 ou 13 heures hebdomadaires)[7], ainsi que la durée de cette immersion.

[7] En Alsace, les sites 3 heures constituent l'enseignement extensif d'une langue vivante à l'école primaire, conformément aux réglementations nationales. Les sites 6 heures ont été expérimentaux jusqu'en 1996 avant

L'immersion est donc un critère important dans l'évaluation des systèmes d'enseignement bilingues. La circulaire n°2001-167 du 5 septembre 2001 (B.O. n° 33 du 13 septembre 2001) relative à la mise en œuvre de l'enseignement bilingue à parité et l'arrêté du 31 juillet 2001 sont les textes officiels en vigueur en 2003, après l'annulation par le Conseil d'Etat d'autres textes ou parties de textes sur l'immersion. Les textes actuels qualifient d'immersion " *le dépassement de la parité horaire* ", mais l'immersion n'est plus érigée en méthode (Morgen, 00a), alors que Petit (Petit, 01b) considère que les modalités de réalisation pédagogique de la formule immersive sont les seules à vraiment révolutionner l'enseignement des langues vivantes. En fonction de l'âge des locuteurs, on distingue l'immersion **précoce**, **moyenne** et **tardive** (Baker, 88, p.158). En fonction de l'intensité de l'exposition à une deuxième langue, on distingue **l'immersion totale, paritaire et partielle**. Différentes combinaisons sont alors possibles (Duverger, Maillard, 96), (Gajo, 01, p.34). Le programme le plus connu aujourd'hui est celui de l'immersion précoce totale au Canada où des enfants anglophones sont immergés dès l'école maternelle dans un bain de langue française, qui n'est généralement pas présente dans le milieu familial. Cela est peu connu, mais les Canadiens se sont inspirés du modèle expérimenté en France, par Jean-Marie Bressand, puis par l'inspectrice Alice Delaunay dans l'Académie de Bordeaux (Delaunay, 73), (Petit, 01b, p.62).

Les 420 classes primaires bilingues en Alsace fonctionnent également selon le principe de l'immersion, qui a eu du mal à s'implanter ou se réimplanter en France. Au lieu d'être totale, l'immersion est partielle en Alsace : des enfants le plus souvent francophones sont scolarisés dès trois ans pour moitié en français et pour moitié en allemand : l'immersion totale canadienne devient immersion paritaire en Alsace, soit 13h en français et 13h en allemand. Les classes associatives *Diwan* dans lesquelles les enfants de maternelle sont scolarisés totalement en breton sont un exemple d'immersion précoce totale, c'est-à-dire que la L1 des

---

la généralisation des sites bilingues paritaires à 13 heures hebdomadaires (Geiger-Jaillet 02b).

enfants, le français, n'a pas de statut à l'école et n'est pas non plus objet des apprentissages qui se concentrent alors uniquement sur une scolarisation en L2, le breton. Dans les familles francophones ou mixtes, le français est toujours présent, mais il n'a pas sa place à l'école maternelle. Ailleurs en Europe, l'immersion est traditionnellement tardive : elle est proposée au niveau du collège en Allemagne, au niveau du lycée en Bulgarie, en Pologne, République tchèque, Slovaquie, Roumanie, Arménie. Dans les dispositifs d'immersion tardive, il faut se poser la question de savoir si l'accès aux savoirs disciplinaires n'est pas menacé par le fait que ces contenus soient enseignés en L2. Les approches possibles sont multiples, les dispositifs mis en place également. La première question à poser quand on est face à un système d'enseignement scolaire bilingue est celle de l'objectif du système mis en place. S'il s'agit de transformer, par un programme d'enrichissement, des monolingues L1 en bilingues L1 / L2 en fin de parcours scolaire vers 18 ans, le dispositif qu'il faut mettre en place ne sera pas le même, que si l'on s'appuie sur un bilinguisme plus ou moins présent dès la petite enfance et qu'on le préserve grâce à l'école. Dans le deuxième cas de figure, la L2 se serait de toute façon développée chez les enfants du pays : on parle alors d'un programme de maintien. Le troisième cas de figure est celui des enfants en voie de bilinguisme présents sur le territoire français (L1 turc, arabe, slovaque, ...), que l'on transforme par une scolarité monolingue, en monolingues d'une langue-cible (L2), le français. On peut ainsi obtenir, dans le meilleur des cas, un bilinguisme des enfants, mais ils ne sont pas devenus bilingues grâce à un dispositif scolaire car aucun lien n'est établi entre leur L1 et la L2 scolaire. On peut se demander s'il existe vraiment une réflexion sur une politique claire, transparente au niveau des choix qui président à la mise en place de structures bilingues. Cette politique devrait tenir compte de toutes les langues en contact. Posent également problème la diversité des profils socio-psychologiques des élèves, la diversité socio-économique et l'incidence d'une immersion dans une L2 pour des élèves par ailleurs en difficulté. Le profil du public – des publics ciblés par un enseignement bilingue est-il vraiment clairement défini ? (Gajo, 01, p.10). Ce sont pourtant des choix auxquels chaque société doit proposer des solutions à travers l'école qu'elle met en place. C'est également la société et ses valeurs qui interviennent dans l'organisation scolaire. De nombreuses questions se posent quant au choix d'une scolarité obligatoire précoce et la séparation d'avec le noyau familial, la durée de la journée scolaire et celle de la scolarité obligatoire. Aller à l'école est la principale activité des enfants européens, il est donc devenu courant de parler du "métier d'élève" avec ses contraintes, ses obligations, ses choix tout en ne perdant pas de vue que l'élève est un être en devenir. Que recouvre, dans chacun des systèmes, le terme de "métier d'élève" et dans quelles conditions l'enfant accède-t-il au statut d'"élève" ? D'autre part la voie du bilinguisme peut être un choix personnel de l'enfant ou lui être imposée. On peut penser que des élèves sélectionnés par un concours et des examens pour entrer dans une filière bilingue prestigieuse, sont plus motivés pour l'apprentissage des langues que ceux chez qui le système scolaire est d'office bi- ou plurilingue. Quels sont les problèmes spécifiques au niveau du recrutement, de la formation, de la rémunération et de la reconnaissance sociale de l'enseignant ? Tous ces facteurs externes entrent en ligne de compte pour un apprentissage structuré. C'est une analyse autour de ces cinq pôles "Ecole et société, organisation scolaire, élèves, parents, enseignants" que nous proposons, en rappelant que la société constitue le niveau macro du cadre d'analyse, alors que l'école, les élèves et les enseignants se trouvent au niveau micro (Blondin, Candelier, Edelenbos et al., 98).

3.2. Analyse du contexte scolaire et sociétal

3.2.1. Ecole et société

Un rapide tour d'horizon s'impose afin de préciser comment l'école sélectionne les élèves, comment ils sont orientés, vers quelles filières et à quel âge. Est-ce que l'école conditionne déjà par une sélection ce qui va déterminer l'entrée des élèves dans la vie sociale à la fin de leur scolarité ? En fonction du statut des langues en contact dans le système bilingue, le dispositif ne sera pas le même. Il est à ce titre tout à fait intéressant de faire référence à l'histoire des contacts entre plusieurs langues sur un territoire donné pour éclairer les situations présentes (Billiez, 03). Observer le modèle majoritaire d'enseignement peut donner un éclairage sur les raisons qui ont mené à l'installation d'un dispositif scolaire bilingue. Avec Francine Vaniscotte (Vaniscotte, 96), nous distinguons quatre grands types de systèmes éducatifs.

Types de systèmes éducatifs - Le premier système éducatif est appelé de type **latin ou méditerranéen**. On le trouve dans des pays de tradition catholique comme la France, l'Italie, l'Espagne, le Portugal ou la Grèce, pays de tradition orthodoxe. Il comporte un enseignement préscolaire et se caractérise ensuite par un tronc commun axé sur l'acquisition de connaissances et la transmission de la culture ancienne, des humanités, le tout basé sur un programme national. Tout comme en France, la culture encyclopédique y joue un grand rôle, non seulement à l'école, mais dans la société entière. Les enfants sont régulièrement soumis à des évaluations nationales dans de tels systèmes. La volonté de mener l'ensemble des élèves au niveau de connaissance le plus élevé possible relève du principe d'égalité et implique clairement le refus des filières pour des raisons idéologiques. Cependant, même dans le collège "unique" où les adolescents restent regroupés, une sélection s'opère grâce aux langues, aux sections et aux options. Le **système germanique à filières** régit l'école en Allemagne, en Autriche, en Suisse, au Luxembourg, et aux Pays-Bas. Ces pays ne connaissent pas de pré-scolarisation organisée par l'Etat, mais un système indépendant de l'école (crèches parentales, *Kindergarten* confessionnel etc.). La France favorise par contre l'accès à la maternelle à partir de deux ans et demi. En Suisse, 95 % des enfants font seulement une année de *Kindergarten* avant d'aller à l'équivalence du C.P. ; 63 % d'enfants fréquentent un *Kindergarten* pendant deux ans, et très peu y sont inscrits pendant trois ans. Le manque de places n'est pas le seul argument, car l'Allemagne garantit depuis peu une place aux enfants de trois ans révolus, mais le taux de fréquentation des enfants de trois ans n'est pas pour autant passé à 100 %. La majorité des habitants de ces pays estime que la structure familiale est le lieu idéal pour l'éducation du jeune enfant. La société fait tout pour encourager ensuite cette attitude, par exemple en surtaxant fortement le deuxième salaire dans une famille, généralement celui de la femme. Le système de type germanique se caractérise par une première période très longue d'éducation sous forme ludique, suivie par une deuxième qu'on désigne par "orientation précoce" : en effet, les enfants sont orientés dans des filières dès 10 ans c'est-à-dire dès la fin de l'école primaire qui ne dure que quatre ans[8]. Comme l'Allemagne, Malte connaît également un système à trois filières. Pour entrer dans le secondaire public, les jeunes doivent passer un examen en maltais, en anglais, en mathématiques, en éducation sociale et en religion. Environ 50 % d'entre eux entrent dans le *Junior Lyceum* au niveau académique (moins de garçons que de filles), les 50 % restants se répartissant à parts inégales entre la deuxième filière *Secundary Schools*, suivie de la *Boy's / Girls Schools* pour les élèves les plus faibles. Tous les résultats sont conservés sur une carte scolaire (*cumulative record card*) qui accompagne l'enfant tout au long de son cursus : ses résultats, son développement personnel, ses progrès et son comportement y figurent. Un bon niveau est également exigé à Malte, lors d'un examen d'entrée dans le secondaire privé. En Allemagne, les élèves sont généralement répartis dans les trois filières du secondaire : *Gymnasium, Realschule, Hauptschule,* chaque filière accueillant un tiers des élèves. La responsabilité qu'entraîne cette sélection implique que les enseignants soient formés aux procédures d'orientation - d'où l'importance des sciences de l'éducation dans la formation des enseignants. L'objectif ultime du système éducatif est de favoriser l'insertion sociale et professionnelle et de veiller à un épanouissement de l'enfant grâce à une bonne orientation. Le redoublement existe dès le milieu du primaire. Il n'y a pas d'évaluations nationales car le programme scolaire est fixé par chaque autorité scolaire régionale (les 16 *Länder*). En Allemagne, il y a donc seize programmes d'enseignement différents. En Suisse, chaque canton fixe également son programme et les structures d'enseignement peuvent fortement varier d'un canton à l'autre. Cette territorialité éducative est difficile à comprendre pour des étrangers. Même s'il s'agit d'un pays éloigné des pays germaniques, le système de l'Ile

[8] Etant donné que le système éducatif en Allemagne relève de chaque *Land*, des différences de structures sont possibles. Certains *Länder* comme Berlin retardent l'orientation vers les filières en imposant 6 années d'école primaire, comme certains cantons suisses.

Maurice ressemble plutôt au système germanique en ce qu'il est très élitiste : le pré-primaire est toujours privé et payant. Un tiers des élèves quitte l'école à 10 ou 11 ans. On n'a le droit de redoubler qu'une fois, le métier d'élève est dur à l'Ile Maurice. Le **système éducatif** de **type anglo-saxon** se pratique dans des pays de tradition protestante (Angleterre, Ecosse, Pays de Galles) et en Irlande du Nord. L'école est avant tout "polyvalente" (*comprehensive school*), le secondaire 1 et 2 sont unifiés. Les enfants de 11 à 16 ans sont en *key-stage* 3 et 4, ce qui correspond au secondaire 1, ceux de 17-18 ans peuvent passer en secondaire 2, appelé AS ou *A2-Level*, en fait l'équivalence du baccalauréat. La diversité réside dans un large choix d'options. Afin de favoriser l'épanouissement de l'enfant, le tutorat y est très développé, ce qui nécessite des compétences spécifiques de la part du corps enseignant. Avant 1988, l'Angleterre connaissait la liberté totale au niveau des programmes : depuis, le programme est national (*National Curriculum)*. Les élèves sont souvent soumis à des évaluations. Cependant, ce n'est pas pour être sanctionnés en cas de mauvais résultat (le redoublement n'existe pas), mais pour évaluer dans quelle mesure les différentes écoles appliquent le programme national. Environ 90 % des élèves fréquentent les *comprehensive school*, les autres vont dans des *grammar school, modern school,* ou *technical school* ou des internats prestigieux. Le quatrième système éducatif est le **type scandinave** et se pratique en Suède, en Finlande, en Norvège, en Islande et au Danemark. Contrairement aux autres systèmes, il s'agit d'une école unique où le primaire et le secondaire 1 sont unifiés : tous les enfants du pays sont donc concernés par ce système d'école obligatoire de 6 à 16 ans avec un corps professoral unique. L'enfant peut côtoyer jusqu'à dix années consécutives le même professeur principal et les mêmes camarades de classe. Le groupe d'enfants progresse ensemble et on ne sort pas d'élèves de ce groupe pour les faire redoubler. Il n'y a d'ailleurs pas de notation dans les petites classes, un classement des élèves par moyenne individuelle n'ayant pas de sens dans un système où l'on pense que tout le monde progresse à la même vitesse. Aucun choix de filière n'est prévu jusqu'à la fin du secondaire 1. Les notes et évaluations individuelles ne sont introduites que vers la fin de la scolarité afin de préparer les jeunes gens à la vie "après" l'école.

Statut des langues - Après avoir esquissé les grandes lignes de ces types de systèmes éducatifs, il est important de clarifier le statut des langues intervenant dans un système scolaire, car il peut être très différent. Citons d'abord quelques cas de locuteurs bilingues ou plurilingues à l'intérieur de territoires bilingues ou plurilingues. Le Luxembourg connaît une seule langue nationale, le luxembourgeois, mais trois langues officielles (le français, l'allemand et le luxembourgeois). Le luxembourgeois est seulement enseigné à raison d'une heure hebdomadaire pendant toute la scolarité, mais précédé de deux ans d'immersion totale de 4 à 6 ans en école maternelle. La République Démocratique du Congo connaît quatre langues nationales et deux langues officielles, pour environ 250 langues utilisées. En Inde, sur les 1600 langues, 398 sont officiellement répertoriées, et deux sont choisies comme langues officielles, l'hindi et l'anglais. En Côte d'Ivoire, la moitié des enfants parle deux langues ivoiriennes sur environ 70 (autres langues sans statut), et un tiers de la population parle la langue officielle, le français. Le Brésil vit avec environ 200 langues autochtones et étrangères sur un territoire immense, seize fois plus grand que la France, mais 97% de la population parle le portugais. En Norvège, les habitants sont en contact quotidien avec au moins deux langues reconnues comme langues nationales officielles depuis 1885, le *nynorsk* et le *bokmål.* L'une, qui descend du vieux danois, introduite en Norvège sous sa forme écrite, anciennement appelée *riksmål* ("langue de l'Etat"), est aujourd'hui désignée sous le nom de *boksmål* ("langue des livres"). Elle s'écrit de nos jours avec une orthographe proche de la prononciation norvégienne. L'autre, issue du vieux norvégien, anciennement appelée *landsmål* ("langue de la campagne"), la langue parlée par le peuple, est aujourd'hui connue sous le nom de *nynorsk* ou "nouveau norvégien". C'est une langue dont la norme est fondée sur différents dialectes parlés (Walter, 94). Depuis le statut d'autonomie de la Communauté autonome basque (CAB) en 1979 et de la Communauté Forale de Navarre (CFN) en 1982, le castillan et le basque sont les langues co-officielles. La loi de normalisation de *l'euskara* (= langue basque) de 1982 reconnaît à tous les habitants de la CAB le droit de connaître et d'utiliser ces deux langues co-officielles. Une langue peut être pratiquée par peu de locuteurs tout en bénéficiant d'un statut particulier au niveau de l'enseignement scolaire. C'est ainsi que 2000 locuteurs allemands, bilingues, pratiquent le frison oriental en Basse-Saxe. Ils ne se considèrent d'ailleurs pas comme minorité nationale, mais comme groupe ethnique et linguistique particulier. On peut constater, à partir de ces quelques exemples, que certains pays ont établi une distinction assez fine du statut des langues en présence (langue officielle, langue nationale, langue régionale, etc.), alors que d'autres n'évoquent pas du tout les langues dans leur constitution (le Vietnam ou la République du Chili par exemple). Ne pas intervenir quant à la langue officielle installée de facto est aussi une forme de politique linguistique. Les dispositions légales en matière de politique linguistique ont des conséquences sur les dispositifs scolaires bilingues mis en place dans ces pays. Dans certains pays, de petites communautés linguistiques peuvent obtenir l'ouverture d'écoles dans leur langue sans que cela influe sur l'enseignement dans le reste du pays. Le *walser* en Autriche est par exemple parlé par 5000 à 10000 locuteurs dans le Vorarlberg et le Tyrol, plus environ 300.000 personnes si on compte la Suisse et l'Italie. Selon l'article 68 du traité de Saint-Germain de 1919, le *walser* peut être enseigné car en " *matière d'enseignement public, le gouvernement autrichien accordera dans les villes et districts où réside une proportion considérable de ressortissants autrichiens de langue autre que la langue allemande des facilités appropriées pour assurer que dans les écoles primaires, l'instruction soit donnée, dans leur propre langue, aux enfants de ces ressortissants autrichiens. Cette stipulation n'empêchera pas le gouvernement autrichien de rendre obligatoire l'enseignement de la langue allemande dans lesdites écoles.* " [9] Le deuxième cas de figure est celui de pays officiellement plurilingues, avec une répartition des locuteurs qui sont le plus souvent monolingues dans un territoire

---

[9] http://www.tlfq.ulaval.ca/axl/Europe/Autriche_politique_minorites.htm consulté le 15 juillet 2003 sur le site du CIRAL (Centre International en Aménagement Linguistique au Québec).

donné. Ainsi la Suisse fédérale est officiellement quadrilingue, mais son territoire est composé de cantons unilingues (17 en allemand, 4 en français et un canton en italien), de trois cantons officiellement bilingues français-allemand (dont celui de Berne qui est officiellement bilingue mais composé de deux districts unilingues), et d'un seul canton trilingue, celui des Grisons où l'allemand, l'italien et le romanche sont pratiqués. Comme les frontières linguistiques sont restées inchangées depuis environ 1000 ans, un **bilinguisme territorial** s'est établi en Suisse favorisant une cohabitation 'froide' : "*Les deux groupes linguistiques se tournent le dos avec une surprenante indifférence* " (Leclerc, 04). L'idée de territoire est tellement ancrée dans les mentalités que quelqu'un qui a fait ne serait-ce qu'une partie de sa scolarité dans le territoire de l'une de ces langues, est considéré en Suisse comme "germanophone" ou "francophone", en fonction de l'école fréquentée auparavant. Selon le dernier recensement de 2000, les Suisses francophones sont 15,3% à utiliser l'allemand comme langue seconde, les Suisses germanophones 16,4% à utiliser le français comme L2, alors que les italophones sont 23,4% à utiliser l'allemand L2 et les romanches 71,1%. Parmi les habitants en Suisse qui sont d'origine étrangère, 36% pratiquent l'allemand comme langue seconde, environ 21,8% le français et environ 18,2% l'italien. Les étrangers sur le territoire suisse sont donc bi-lingues à 64,1% alors que les Suisses eux-mêmes ne le sont qu'à 36,1%. La diversité linguistique, dans les 26 cantons suisses aussi bien que dans les seize Länder allemands, avec leur autonomie culturelle et leur compétence souveraine dans le domaine scolaire, conduisent à une diversité de situations qui n'est pas sans intérêt pour la mise en place de dispositifs bilingues. Leur mise en oeuvre peut être plus rapide dans une plus petite entité géographique que dans un Etat centralisé qui au nom de l'égalité doit introduire les mêmes mesures en même temps sur tout le territoire. Les 26 Etats fédéraux au Brésil interviennent par exemple chacun sur leur territoire en matière linguistique. Après avoir forcé les populations indigènes à une assimilation de l'héritage colonial jusque dans les années 80, dans le but de faire disparaître toute trace des langues autochtones, la politique linguistique du Brésil est dorénavant plus tolérante. L'article 231 de la constitution de 1982 reconnaît officiellement aux "indigènes" le droit à leur langue, mais en fait, on a laissé agir le temps : le portugais est devenu incontestablement la langue de prestige, celle dont tout le monde a besoin pour son ascension sociale et professionnelle. Les autorités scolaires ont alors tout loisir d'autoriser quelques dispositifs bilingues dans certains Etats fédéraux prenant appui sur les langues des premiers habitants, car il s'agit uniquement d'un bilinguisme scolaire qui n'a plus de relève dans un bilinguisme familial, sociétal ou territorial.

Bilinguisme obligatoire - La situation est toute différente dans des pays qui imposent un **bilinguisme obligatoire** à la population. Pour être fonctionnaire en Union indienne par exemple, il faut maîtriser au minimum l'hindi ou l'anglais en plus de la langue régionale, ou mieux encore, connaître les deux. Jusqu'en 1999, la République d'Irlande exigeait un examen de compétence en irlandais, finalement aboli à cause de la pénurie d'enseignants, afin d'attirer des enseignants du Royaume-Uni. Les professeurs d'Irlande du Nord peuvent également y enseigner, même s'ils ne parlent pas l'irlandais. Le Val d'Aoste impose un test de connaissance en deux langues pour les postulants à un emploi public ; le Tyrol du Sud fait passer un examen bilingue (italien, allemand) avec quatre niveaux de difficulté pour tout postulant à un emploi susceptible d'être au contact du public : pharmaciens, médecins, avocats aussi bien qu'enseignants. Pour les populations des vallées ladines, cet examen bilingue devient un examen trilingue car le ladin se rajoute aux langues italienne et allemande. Ce sont d'ailleurs les ladins qui ont les meilleurs scores en allemand et en italien devant les germanophones, puis les italophones qui occupent la dernière place. Le Luxembourg exige également un bon niveau en français et en allemand dans l'obtention des diplômes, ce qui provoque de nombreux échecs scolaires non seulement en formation initiale (sanctionnée avec une 30ème position sur 32 dans l'étude PISA[10]) mais également en formation professionnelle où l'on attache une très grande importance au trilinguisme (luxembourgeois, allemand, français).

[10] PISA= *Programme for International Student Assessment.*

Les futurs enseignants doivent même passer six épreuves de langue lors du concours (allemand, français, luxembourgeois à l'écrit et à l'oral). Comme tous ces pays exigent un bilinguisme de fait par leur population, le système scolaire se doit de préparer aux exigences d'un bilinguisme sociétal bien établi. On met alors en place des systèmes bilingues scolaires généralisés dans un territoire donné. La situation n'est pas du tout la même en France où la scolarité bilingue est l'exception et non pas la règle. Il faut donc se poser la question suivante *: Ecoles primaires plurilingues : Quelle immersion pour quel plurilinguisme* ? (Geiger-Jaillet 2001). Au Luxembourg comme à Malte, l'administration doit répondre dans la langue choisie par le citoyen. Dans le cas de Malte, il s'agit d'un bilinguisme de type colonial, l'anglais ayant maintenu un rôle stratégique à côté du maltais, favorisé par la grande diffusion de l'anglais. L'autre particularité de Malte est que les écoles catholiques sont également financées en grande partie par l'Etat ce qui fait que les écoles privées (environ 30%), associatives et publiques sont toutes gratuites pour les parents. Pour le financement des systèmes éducatifs, différents procédés existent. Alors que l'école italienne bénéficie d'un cofinancement Etat-Région, aux Pays–Bas, ce sont l'Etat et la commune qui interviennent ; en Irlande, ce sont l'Etat, la province et la commune. En Norvège enfin, l'Etat, les municipalités et les comtés (*fylke*) se partagent les frais du système éducatif. Cela a des conséquences sur le financement de l'enseignement bilingue et sur sa généralisation. De grosses disparités existent également dans la gestion des écoles : Celle-ci est soit assurée par un directeur, soit par les enseignants ou par un conseil élu ou nommé, selon les pays.

Religion, écoles privées et langues - La place de la religion dans l'Etat a également une influence sur le système scolaire mis en place, sur la création d'écoles bilingues, et donc sur la mise en place des cursus d'enseignement bilingue. Ainsi, le Luxembourg ne connaît pas d'école laïque. Par conséquent, dans toutes les écoles, des cours de religion catholique sont dispensés et les salles de classe sont munies de croix, ce qui satisfait la majorité des familles. Mais seulement sept établissements scolaires privés se sont créés dans le Grand-duché de Luxembourg dont cinq à orientation chrétienne. On peut donc dire que près de 100% des élèves habitant au Luxembourg, fréquentent l'école publique qui exige ... un trilinguisme scolaire dès l'école primaire. L'Allemagne ne connaît pas de religion d'Etat, mais une obligation d'enseignement religieux ou de morale régie par le concordat. Les familles et les enfants choisissent selon leur confession d'origine entre la religion catholique, la religion protestante, parfois la religion juive, les enfants des autres religions devant fréquenter deux heures de morale (*Ethik*) par semaine. Peu d'écoles privées se sont développées, tout comme en Autriche où celles-ci ne scolarisent pas plus de 7% des élèves. Les établissements privés en Allemagne sont le plus souvent situés en dehors des villes dans des sites prestigieux où les élèves vivent en internat. C'est donc moins la religion qui motive l'existence de ces écoles que d'autres raisons comme la pédagogie, les activités annexes, les filières prestigieuses comme celles permettant l'obtention du baccalauréat international BI, etc.... Dans tous les cas, il s'agit de filières existant en marge ou en parallèle au système majoritaire qui contrairement au Luxembourg, ne propose pas de langues à dose élevée à la majorité des élèves. En Norvège, 1% des élèves seulement fréquente un établissement privé, d'ailleurs subventionné. Comme au Luxembourg, les écoles privées sont peu nombreuses. Au Pays basque français par contre, le public et le privé scolarisent chacun environ 50% des élèves, et l'enseignement public jouit d'une moins bonne réputation. Connaissant la proportion des écoles privées par rapport à l'école publique dans un pays, il est intéressant de chercher quelles particularités éducatives, idéologiques ou religieuses différencient les écoles privées de l'école publique. Parfois, les écoles privées sont interdites, comme c'était le cas en Pologne avant la réforme de 1999 par laquelle l'enseignement privé et associatif a pu naître. C'est donc une question à laquelle il faut répondre au cas par cas. L'absence de cours de religion à l'école favorise donc en quelque sorte la création d'écoles privées, qui en profitent pour adopter un profil particulier – par exemple par l'offre des langues. Le financement entièrement pris en charge par les parents contribue au fait qu'elles soient élitistes, sélectionnant par l'argent (mis à part Malte). Un financement mixte ou une reconnaissance par l'Etat contribuent par contre fortement à leur développement. Un cas particulier : les régions frontalières où habitent des minorités linguistiques à cheval sur deux Etats. Des deux côtés, l'autorité locale tente de garder des contacts avec " sa " minorité qui, pour des raisons de politique plus ou moins récente, se trouve sur le territoire d'un autre pays. Ainsi, le catalan à l'est, le basque à l'ouest sont parlés de part et d'autre des Pyrénées. Le flamand par contre est en voie de disparition côté français, mais se maintient côté belge. Des minorités linguistiques vivent également des deux côtés de la frontière, comme la minorité danoise dans le Schleswig-Holstein allemand, et la minorité allemande au Sud du Danemark. Dans ces régions frontalières, une didactique spécifique des langues étrangères (Raasch, 02) se développe, des échanges d'élèves et d'enseignants y sont organisés de façon plus intensive que dans d'autres régions. Parfois, des écoles de minorités sont créées comme celles des minorités allemandes au Danemark.

Vers un plurilinguisme - Le *Centre pour les langues vivantes du Conseil de l'Europe* à Graz organise depuis 1994 des séminaires où se retrouvent représentants et enseignants de différentes régions frontalières européennes. La *Talenacademie Nederlands* pilote des projets innovants en langues dans toute une série de régions frontalières. Aux besoins plus élevés de compétences dans la langue et la culture du voisin dans les régions frontalières correspondent des possibilités supplémentaires par rapport à l'enseignement classique. Pour cela, il faut partir du vécu des élèves qui, souvent, dans la vie quotidienne, sont confrontés aux réalités du pays voisin. A ce titre, la publication de Meißner et Picaper (Meißner, Picaper, 03) contient des propositions pour maîtriser le quadrilinguisme entre le Rhin et la Meuse. La proximité géographique a également des incidences sur le programme scolaire et le matériel produit. Des ouvrages bilingues en histoire existent pour les régions frontalières en allemand et néerlandais ; un manuel transfrontalier trilingue en français, en allemand et en dialecte(s) a vu le jour en 1998 pour la Région du

Rhin Supérieur[11] ; un autre ouvrage analyse les programmes d'histoire dans trois pays - l'Allemagne, le Luxembourg et la France - sous l'aspect de la formation d'identités en région frontalière (Wittenbrock, Michaux, Dostert 1994). La liste est loin d'être exhaustive.

Programmes - La tendance des dernières années est de partager le programme scolaire en deux parties, une partie obligatoire, une autre laissée davantage à l'initiative de l'école et des enseignants sur le terrain[12]. Ainsi en Pologne, depuis la réforme de 1999, de nouvelles bases communes du programme (*podstawy programowe*) ont été créées pour chaque type d'école. La partie obligatoire couvre " *80% des activités du programme pendant que les 20% restant constituent l'emploi du temps flexible qui est à l'entière discrétion de l'école. Des écoles particulières peuvent choisir l'un des programmes enregistrés dans la liste de ceux qui ont été approuvés par le Ministre de l'éducation nationale ou introduire un programme appelé "programme d'auteur" créé par les enseignants eux-mêmes. Chaque école devrait développer un programme d'éducation morale en coopération étroite avec les parents d'élèves.* "[13] En Norvège, ce sont les établissements scolaires eux-mêmes avec les autorités locales qui établissent les programmes, conformément à un tronc commun national. A Malte par contre, toutes les écoles privées et publiques doivent suivre le *National Minimum Curriculum (NMC)* tout comme en France où le programme officiel de l'Education nationale sert de référence nationale à tous les enseignants. En dehors des cours proprement dit, les contenus du programme français peuvent être travaillés à partir d'autres formes d'organisation, par exemple dans le cadre des itinéraires de découverte (I.D.D.) au collège et des travaux

[11] *Leben am Oberrhein / Vivre dans le Rhin supérieur* pour l'Alsace, le *Land* de Rhénanie-Palatinat, le *Land* de Bade-Wurtemberg et les cantons suisses du Nord-Ouest.

[12] En Allemagne, *Kerncurriculum* désigne la partie obligatoire, *Schulcurriculum* celle laissée à l'initiative de l'école.

[13] http://www.ac-nancy-metz.fr/cefisem/docprimo/systemeduc/syspolog.htm

personnels encadrés (T.P.E.) au lycée. Lors de la mise en place du baccalauréat international, on s'est aperçu qu'il fallait trouver un consensus pédagogique entre deux extrêmes : le système britannique, "*restrictif et spécialisé à l'extrême*", le baccalauréat français et la maturité suisse, "*encyclopédiques au point de faire porter l'examen sur dix, voire douze disciplines*" comme le souligne Gérard Renaud (Renaud, 74), cité d'après Duverger, Maillard, 96, p.118. Les programmes et les planifications des cursus reflètent une maquette de formation – c'est-à-dire la face visible de l'iceberg - élaborée à partir d'une certaine conception sociétale de l'éducation, concrétisée par l'adhésion à un système éducatif majoritaire de type anglo-saxon, latin, germanique ou scandinave.

3.2.2. Organisation scolaire

La scolarité obligatoire varie fortement d'un pays à l'autre. Certains pays scolarisent les enfants très jeunes comme Malte à cinq ans, le Luxembourg à quatre ans, alors que d'autres pays scolarisent plus tardivement : ainsi la Pologne - depuis la réforme scolaire de 1999 - n'accueille les enfants à l'école qu'à partir de sept ans.

Organisation des cours - Différents modèles de fonctionnement existent : l'école accueille les élèves toute la journée (en France) ou seulement la demi-journée (en Allemagne), avec des situations intermédiaires comme en Italie ou en Angleterre par exemple où les cours se terminent vers 15 heures. Il faut en prendre conscience pour comprendre qu'un site paritaire bilingue avec 13 heures d'allemand tous les après-midis n'est pas possible dans le fonctionnement allemand par exemple. La faisabilité des modèles bilingues dépend directement de l'organisation scolaire du pays en question (Beardsmore, 00). Certains pays, qui manquent d'enseignants et connaissent une forte démographie scolaire ont recours à un roulement (classe le matin ou l'après-midi). La Tunisie doit par exemple faire choisir aux parents en début d'année si l'enfant fréquente l'école de 10h à 12h30 et de 15h à 17h30, ou alors de 7h30 à 10h, et de12h30 à 15h. Une immersion totale sur la journée n'est donc pas possible. Le sureffectif d'enfants au Brésil (jusqu'à 80 élèves par classe), surtout dans les écoles élémentaires en ville, conduit à une alternance des cours sur la demi-journée. L'Ile Maurice connaît par contre un système avec jusqu'à 50 heures de cours par semaine pour les élèves, ce qui laisse de la place pour les langues. Au Liban, les écoles chrétiennes sont fermées le samedi et le dimanche alors que les écoles musulmanes le sont du vendredi au dimanche. L'immersion linguistique scolaire est alors interrompue par trois jours d'absence de la langue-cible. Au Vietnam, les cours se déroulent sur six jours, tous les matins ou tous les après-midis. Les effectifs des classes bilingues, qui n'accueillent que 30 à 40 élèves – alors que la norme est de 50 à 70 élèves par classe, peuvent générer la motivation d'inscrire son enfant dans un tel cursus. La première motivation des parents n'est peut-être pas la langue-cible choisie pour leurs enfants, mais le souhait de ne pas les faire rentrer dans le système qui concerne la majorité des enfants. Aux différences déjà signalées concernant les horaires, la durée et le début de la scolarité obligatoire, s'ajoutent des différences importantes en ce qui concerne le début et l'intensité de l'apprentissage dans la 2e langue.

Entrée dans la deuxième (troisième) langue - L'immersion totale en maternelle est appliquée dans les écoles privées d'Occitanie (*calandretas*) et de Bretagne, le français étant introduit en cours préparatoire. Les écoles de l'Education nationale par contre ne dépassent pas la parité horaire des langues afin de préserver dans l'enseignement la "langue de la République" (article 2 de la constitution), le français. Dans un cas, la première langue n'est pas stimulée pendant la scolarisation en langue seconde, dans l'autre elle l'est. En Polynésie française, l'accueil des petits en maternelle se fait dans la langue locale, puis le français est introduit progressivement. En fin de grande section, le français sera langue de cours environ 90 % du temps. Comme dans le primaire en Alsace, le principe un maître - une langue y est appliqué avec un horaire paritaire en demi-journées par langue. En Autriche, la 1ère langue étrangère se pratique dès la troisième année du primaire, mais les classes bilingues pilotes (*Übungsschulen)* commencent l'anglais (plus rarement le français) dès la première année de l'école primaire à 6 ans. Le bilinguisme à Malte s'installe dès la 3e année du primaire. En Tunisie, le début de la scolarité se fait en immersion totale en arabe classique pendant deux ans, puis le français intervient à partir de la 3e année et va devenir rapidement dominant : d'une immersion partielle de 15 h en arabe et 10 h en français, on passe à 15 h en français et six heures en arabe. Il faut savoir que le français n'est utilisé exclusivement que par 1% de la population, 98% de la population parlant l'arabe dialectal encore appelé l'arabe tunisien. Le *sámi* en Norvège est enseigné en immersion précoce en *kindergarten*, mais avec l'entrée dans le secondaire, un autre bilinguisme s'installe pour les enfants concernés, le *nynorsk* et le *bokmål,* les deux langues officielles de Norvège. L'anglais étant enseigné à partir de la 2e année du primaire et une autre langue vivante à partir de la première année du secondaire, les enfants peuvent sous certaines conditions, pratiquer jusqu'à cinq langues dans le secondaire. A l'image de la Norvège, on constate qu'il existe des pays dans lesquels une langue est utilisée en immersion pour un cycle d'école, alors qu'on change de langue pour un autre cycle. Le Luxembourg fait de même : la maternelle en luxembourgeois, le primaire en allemand et le secondaire en français comme langue majoritaire des cours. En Polynésie française, le même principe est appliqué : les écoles ont le droit de dispenser cinq heures d'enseignement au maximum par semaine en langue tahitienne, marquisienne ou en tuamotu, puis à partir du secondaire, le tahitien devient une langue optionnelle et facultative, le français restant alors seule langue d'enseignement. Dans les écoles bretonnes et basques, publiques et privées, les enfants des dispositifs bilingues de langue régionale (breton ou basque / français) démarrent une langue vivante 2 dès huit ans, en C.E.2. L'Alsace a refusé, pour les écoles publiques, d'introduire une autre langue que l'allemand en primaire pour les futurs bilingues français – allemand. Raison officielle : comme les enfants sont majoritairement francophones, on considère qu'une scolarité bilingue est déjà astreignante et on veut éviter une surcharge des enfants (Lüdi, 98) car il ne faut pas oublier que les enfants de trois ans découvrent en même temps un nouveau milieu avec ses règles sous-jacentes, leur métier d'élève et une nouvelle langue. La deuxième raison, peut-être un peu moins officielle, est que l'on veut préserver une certaine diversité des langues sur le territoire : Si la LV1 n'est pas l'anglais, l'anglais sera garanti comme LV2 en sixième, afin d'éviter que les parents choisissent l'anglais plus tôt. Les deux arguments, la surcharge des enfants et la prédominance de l'anglais, se discutent. Dans le canton de Berne (Suisse), officiellement bilingue, les francophones apprennent l'allemand en quatrième année de primaire. Quant aux germanophones, ils n'apprennent le français qu'en cinquième année de primaire. On constate le même décalage d'un an au Tyrol du Sud (Italie) où les italophones commencent l'allemand un an plus tôt que les germanophones l'italien. L'apprentissage de la langue de l'autre communauté linguistique est de toute façon obligatoire depuis son introduction jusqu'à la fin de la scolarité. Pourquoi faire démarrer alors les uns plus tôt que les autres ? Les italophones du Tyrol du Sud (*Trentino Alto Adige*), se sentant en Italie, ne sont peut-être pas les plus motivés pour apprendre l'allemand, ce qui ne facilite pas l'apprentissage de cette langue. De plus, l'allemand enseigné à l'école est le haut allemand, la langue standard. Or, ce n'est pas celle qu'ils peuvent entendre dans la rue, car à l'oral, la communauté germanophone n'utilise pas la langue standard, mais un dialecte austro-bavarois difficile à comprendre par les italophones. Pour ces raisons, les italophones commencent à apprendre plus tôt la langue de l'autre communauté linguistique. Les germanophones par contre sont bien obligés d'apprendre l'italien. Non seulement c'est la langue du pays où ils vivent, mais au Tyrol du Sud, un examen de bilinguisme est une étape nécessaire pour la plupart des professions envisagées. En cas d'échec, il faut s'expatrier pour exercer son métier dans un autre pays, et pas seulement dans une autre région d'Italie comme pourraient le faire les italophones en cas d'échec à l'examen d'allemand.

En terme d'accès à la langue 2, les jeunes élèves en Pologne sont préparés de façon spécifique à l'enseignement bilingue. Après sélection, les élèves sont admis à une **classe zéro** pendant un an en immersion tardive (Caré, 00), dès l'entrée dans le secondaire (*gimnazjum*) qui dure trois ans. Après un stage intensif de français en septembre, ils ont pendant cette année préparatoire, 18 h de cours de français par semaine. Cette année est suivie par des cours en lycée bilingue (*liceum*) pendant quatre ans, avec un enseignement de disciplines en français. L'entrée dans le bilinguisme est aussi différente que les répartitions quantitatives des horaires dans les différents pays : ou bien l'enseignement en langue 2 est massif à l'entrée du secondaire (de 10 à 15 heures par semaine en Europe centrale ou orientale comme nous l'avons montré dans le cas de la Pologne), ou bien il est très limité, voire symbolique (deux à trois heures de langue par semaine en France dans les sections européennes de lycées). Ce n'est pas seulement un choix méthodologique, mais également une contrainte budgétaire, liée à la difficulté de recruter des enseignants de langue spécialistes de disciplines. La continuité du parcours n'est pas non plus toujours assurée : Ainsi le Val d'Aoste, après une école maternelle et primaire obligatoirement bilingue (français-italien), ne propose pas d'école bilingue secondaire. Par contre, les deux langues peuvent se pratiquer dans le cadre de projets. D'ailleurs l'université libre d'Aoste est certes officiellement bilingue depuis sa création en 2000, mais les cours sont en italien, sauf pour la formation des maîtres. En France, tous les dispositifs de langues régionales mènent à un brevet des collèges pour lequel on peut composer en histoire-géographie dans la langue régionale retenue[14]. La langue régionale donne également des points au baccalauréat, grâce à une épreuve facultative de langue régionale, ouverte aussi bien à des élèves de la voie bilingue qu'à ceux ayant suivi un enseignement optionnel de langue et culture régionale. La voie des dispositifs scolaires de langue régionale a été ouverte par la loi Deixonne qui a accordé en 1951 le statut de langues régionales dans l'enseignement à des langues autres que le français. Considérant l'allemand en Alsace, le flamand ou le corse d'abord comme variétés de langues étrangères sur le territoire français, ces langues n'ont pas été reconnues tout de suite comme

---

[14] Cerquiglini, dans son recensement des langues de France en 1999 et dans l'ouvrage publié sous sa direction en 2003, reconnaît beaucoup plus de langues parlées en France que les seules langues régionales, qui sont aussi appelées « langues patrimoniales ». Il distingue les langues régionales, au nombre de 10, des langues non territorialisées, telles le yiddish, l'arabe maghrébin ou le romani, parlées sur le territoire français et des langues des départements et territoires d'outre-mer. Il inclut d'ailleurs des dialectes d'oïl dans les langues régionales (Cerquiglini, 03).

"langues régionales". Mais, grâce à des extensions tardives de la loi Deixonne, la "langue régionale d'Alsace" bénéficie actuellement des mêmes droits que d'autres langues régionales de France, telles le basque, le breton, le catalan, le corse, et l'occitan. D'autres langues, les créoles guadeloupéens, martiniquais ou réunionnais, et les langues mélanésiennes, bénéficient depuis peu des mêmes dispositions. En ce qui concerne les langues régionales d'Alsace et de Moselle, les textes réglementaires nationaux issus de la loi Deixonne restent volontairement dans le flou, laissant de fait à l'administration scolaire régionale le soin de préciser ce concept (Morgen , 03).

Filières spécifiques - La filière franco-allemande permet de passer le brevet des collèges avec option franco-allemande à 14 ans dans les lycées franco-allemands (Buc, Sarrebruck ou Fribourg en Allemagne), un baccalauréat franco-allemand, ou l'*Abi-bac* dans un des lycées le proposant. En Pologne, on peut également passer un baccalauréat bilingue français – polonais (*nowa matura*). La continuité bilingue ne s'arrêtant pas au baccalauréat, certains pays ont mis en place des formations bilingues universitaires, des cursus intégrés ou des formations d'enseignants basés sur le bilinguisme (Geiger-Jaillet, 02b), (Faure, Morgen, 04). La France a mis en place les dernières années des C.A.P.E.S. bivalents (langue régionale plus une autre matière), pour l'occitan ou le corse par exemple. Afin de compléter le tableau des dispositifs existants, nous présentons le dispositif des écoles européennes. Notons au passage que la France ne s'est pas dotée d'**Ecole européenne** et n'est donc pas intégrée dans ce réseau d'écoles tournées résolument vers une pratique plurilingue de la maternelle au baccalauréat (Duverger, Maillard, 96, pp.123-130). Une Ecole européenne est un établissement régi par le protocole intergouvernemental portant "Statut de l'Ecole européenne" qui a été signé à Luxembourg le 12 avril 1957 par les six membres fondateurs de l'époque[15]. Depuis l'arrivée de nouveaux pays dans l'Union Européenne en 2004, la composition des pays signataires

[15] Les textes fondateurs se trouvent sur le site web des écoles européennes, http://www.eursc.org/ SE/htmlFr/IndexFr_home.html

est actuellement en évolution. A partir de la première Ecole européenne créée en 1953 à Luxembourg, le réseau s'est développé et comprend à la date du cinquantième anniversaire en 2003, douze écoles dans les villes suivantes : Espagne: Alicante ; Luxembourg (2, dont une nouvelle école en 2004) ; Belgique : Bruxelles (3 écoles en 2002, 4 écoles en 2004), Italie : Varèse ; Allemagne : Francfort, Karlsruhe et Munich ; Royaume-Uni : Culham près d'Oxford, Pays-Bas : Mol, Bergen (Duverger, Maillard, 96), (Pinck, 00). Ces établissements scolarisaient 20000 élèves à la rentrée 2003-04. La direction générale est assurée par un Secrétaire général du Conseil supérieur des écoles européennes qui rédige un rapport annuel (Ryan, 04). Initialement destinées aux enfants des fonctionnaires européens, ces écoles accueillent désormais des jeunes de toutes nationalités de toute l'Union européenne, dans la mesure des places disponibles. Le déroulement des études peut s'effectuer dans les onze langues officielles des parties contractantes[16]. Dans toutes les sections linguistiques, les programmes sont harmonisés, la répartition des cours et leurs contenus sont identiques. Ce ne sont pas des programmes nationaux des différents pays, mais de nouveaux programmes élaborés en commun. C'est peut-être là qu'il faut chercher la raison de l'opposition de la France à en installer sur son territoire. L'accent est mis sur *" l'étude, la compréhension mais surtout l'usage de la langue étrangère* " (Pinck, 00, p.27). Un des moyens d'y parvenir est la mise en place d'heures dites **heures européennes** dans lesquelles les élèves suivent une activité sportive, manuelle ou artistique. Ils se trouvent alors dans des groupes linguistiquement mixtes issus des différentes sections linguistiques en présence. La formation de base est assurée dans la langue maternelle, mais une première langue étrangère est étudiée dès le primaire ce qui aboutit à une L2 forte avant la sixième. Cette L2 est utilisée comme langue véhiculaire dans le secondaire pour l'enseignement de matières comme les sciences économiques, l'histoire, la géographie. Une seconde langue étrangère est étudiée à partir de la classe correspondant à la cinquième en France, une

[16] http://www.eursc.org/SE/htmlFr/IndexFr_home.html

troisième langue en troisième du système français. " *Les enseignants sont détachés par les Etats membres pour une durée limitée à neuf ans* " (Pinck, 00). Ils dispensent les cours de langue et les cours de disciplines dans les langues secondaires pour les enfants en tant que locuteurs natifs. Ce dispositif mène après deux années de maternelle, cinq années primaires et sept années secondaires au **baccalauréat européen,** qui permet à son titulaire d'accéder à toutes les universités de l'Union européenne et à presque toutes les universités américaines. Le baccalauréat européen qui existe depuis 1957 "*est présidé par un professeur d'université désigné par le conseil supérieur sur proposition du pays qui a la présidence*" (Pinck, 00, p.28). Ce baccalauréat est reconnu par tous les Etats membres de l'Union européenne, dont la France. Récapitulons les composantes de ce dispositif qui produit de bons résultats : il utilise les langues officielles des Etats membres, celles-ci ayant une connotation positive ; il scolarise des locuteurs natifs dans des groupes linguistiquement mixtes et les encadre par des enseignants natifs ; les différentes langues sont utilisées pour l'enseignement des disciplines ; la continuité du système est assurée de la maternelle au baccalauréat ; un baccalauréat harmonisé en réseau garantit la qualité et donc la reconnaissance de ce diplôme.

Constitution des classes - Pour la constitution des groupes classes, en fonction du projet bilingue, toutes les combinaisons existent : depuis les classes spécialement conçues pour les enfants en voie de bilinguisme (sections internationales et sites bilingues paritaires du premier degré en France, immersion tardive des voies bilingues en Allemagne), jusqu'aux classes mixtes avec enfants monolingues et enfants en filière bilingue comme au Pays basque français où " *les élèves bilingues sont une* "division" *d'un groupe classe, et côtoient leurs camarades monolingues pendant la moitié du temps scolaire* " (Duverger, Maillard, 96, p.134). Parfois, lors de projets transfrontaliers comme cela se pratique le long de la frontière franco-allemande, on constitue des classes mixtes en remplaçant la moitié des effectifs par des natifs d'une école de l'autre pays (entre l'Allemagne et la République Tchèque par exemple). En Suisse, le collège St. Michel à Fribourg (Brügger, Siegwart, Andereggen, 99, pp.29-31) propose depuis 1991 des classes linguistiquement mixtes avec des germanophones et des francophones. Dans le modèle de la *Staatliche Europaschule* de Berlin (Zydatiß, 00), on limite à 50 % chaque groupe de langue d'une classe immersive réciproque. Des natifs de deux communautés linguistiques partagent donc une classe. Les bilingues de naissance avec l'allemand comme une des langues sont toutefois comptés dans les effectifs de la langue autre que l'allemand. La composition du groupe classe dépend du projet de bilinguisme choisi par l'école et des moyens sur place, en terme d'effectifs d'enfants bilingues de naissance par exemple.

Vers un plurilinguisme à l'école - En Corse, la création de "**classes méditerranéennes**" en collège est une illustration concrète d'une nouvelle conscience des richesses linguistiques potentielles. Ces classes proposent un apprentissage du corse et d'une autre langue romane, l'italien ou espagnol, ainsi qu'une initiation au latin, en tenant compte de l'apport des langues romanes étudiées dont le français. La méthode choisie est celle basée sur l'intercompréhension des langues romanes telle qu'elle a été développée par les équipes de Louise Dabène (Dabène, 92), Claire Blanche-Benvéniste (Blanche-Benvéniste, Valli, 97). Le *Conseil Economique, Social et Culturel* a proposé que ces classes, d'abord appelées classes ou sections méditerranéennes, soient plus justement dénommées "classes euro-méditerranéennes". Il semble avoir été entendu en partie puisqu'elles deviennent **"sections romanes"** (Session de 27 avril 1999 de l'assemblée de Corse). Le principe de proposer plusieurs langues romanes est aussi en vigueur dans l'académie de Toulouse avec un "**parcours latin**" qui associe au français, à partir de la 5ème , l'occitan et le latin, puis, en 4ème et 3ème, une langue romane étrangère ; ou alors le "**parcours roman**" qui associe au français, à partir de la 6ème ou de la 4ème, l'occitan, et au moins une langue romane étrangère. Il peut commencer dès la 6ème lorsque la LV1 est une langue romane, et en 4ème lorsque la langue romane est LV2 ou LV3.

La place de l'anglais - On constate que l'anglais est pratiqué de plus en plus tôt dans les systèmes scolaires. En Norvège, l'anglais est partout obligatoire comme LV1 en deuxième année de primaire, c'est-à-dire avant la 2e langue nationale. Au Vietnam, tous les élèves apprennent l'anglais à partir du CE2, tout comme au Val d'Aoste où l' introduction est menée depuis 1999-2000 par voie expérimentale, notamment pour les enfants scolarisés dans le dispositif bilingue français – italien. En Suisse, l'anglais est obligatoire en 7e année, ce qui est relativement tardif, mais s'explique par la présence de trois langues officielles. La 3e langue des enfants en Suisse n'est donc pas la 3e langue officielle, mais l'anglais. En France, avec la réforme en cours, tous les enfants qui n'ont pas commencé l'anglais en école primaire, étudieront cette langue au plus tard en sixième. Avec une langue dominante, les pays varient-ils leur offre pour les enfants étrangers, en mettant en place des cours spéciaux pour allophones ? En Suisse, de tels cours sont organisés par le consulat ou des associations de parents. Au Luxembourg, des cours de luxembourgeois sont organisés pour les familles étrangères par les communes; en France le dispositif existe parfois. A leur arrivée en Norvège, les enfants immigrés suivent également un cursus spécial. Le Pays basque espagnol a même créé quatre modèles de bilinguisme scolaire en fonction des langues pratiquées par les enfants. Le modèle A propose le castillan comme langue et support de cours, et le basque uniquement comme matière enseignée. Dans le modèle B, le castillan et le basque sont langues de cours à parité. Dans le modèle D présent dans de petites classes et des établissements privés, le basque est langue de cours alors que dans le dernier modèle appelé X ou G, le basque est totalement absent, tous les enseignements sont alors en castillan. Ce dernier modèle ne concerne cependant que très peu d'écoles. En conclusion, quatre modèles éducatifs existent au Pays basque espagnol dont 3 en basque et espagnol, alors que le basque est totalement absent dans le modèle X en Navarre.

Supports didactiques - Le matériel didactique utilisé dépend du modèle linguistique mis en place, mais également des moyens financiers du pays et du nombre d'élèves touchés par le bilinguisme. Au Tyrol du Sud, l'une des provinces les plus riches d'Italie, où tous les enfants sont soumis au bilinguisme scolaire, on produit le matériel sur place, en le complétant à l'occasion par des manuels issus du marché germanophone. C'est une situation privilégiée que ne connaît pas la France. Dans les différentes régions françaises, différentes sortes de bilinguisme sont installées en fonction des langues régionales. Le nombre d'élèves par langue est alors plus réduit et le système national de l'éducation ne peut pas financer certaines filières plus que d'autres. Les éditeurs nationaux ne souhaitent souvent pas, pour des raisons de faible diffusion, financer des manuels en langue régionale. La situation n'est encore pas la même dans le canton du Valais en Suisse, officiellement bilingue, où les élèves de la partie germanophone et francophone, peuvent utiliser le matériel en usage dans les cantons germanophones ou francophones. Ce procédé est d'ailleurs appliqué en Norvège où tous les manuels sont depuis la loi de 1969, en *bokmål* et en *nynorsk.* Les enfants des minorités ou d'immigration peuvent même choisir leur langue maternelle à la place de l'une des langues norvégiennes comme langue principale ou secondaire. Dans certains pays francophones d'Afrique tout comme à l'Ile de la Réunion, on remplace progressivement les manuels de France par des ouvrages produits sur place : en effet, avec les manuels français de France, les élèves se sentaient étrangers dans leur propre pays, et n'étaient pas motivés pour l'apprentissage de cette langue.

Notation - Après avoir relevé les différences, souvent cachées, entre les différents dispositifs d'enseignements bilingues, nous terminons notre tour d'horizon en relevant la disparité des systèmes de notation respectifs. En France, on évalue généralement de 1 à 20, 20 étant la meilleure note. En Allemagne, la notation va de 1 à 6, mais six est la note la plus faible, tout comme en Autriche où l'on note de 1 à 5, cinq étant insuffisant. En Pologne par contre, c'est l'inverse de l'Allemagne, le 1 étant insuffisant, le 6 excellent. Beaucoup de pays n'introduisent pas tout de suite une notation chiffrée, mais des appréciations ou des évaluations descriptives, en France avec un système de A, B, C, D ; en Allemagne avec un texte d'appréciation rédigé par l'enseignant. En Pologne, jusqu'à l'âge de dix ans des enfants, les familles reçoivent seulement des notes " descriptives " dans lesquelles les remarques négatives sont d'ailleurs proscrites. Par contre l'équivalent du bac (*Nowa Matura*) est noté de 0 à 100. Il faut donc être circonspect quand il est question de notations, bien s'assurer qu'on parle de la même chose.

Résultats scolaires et statut des langues - Nous avons constaté que les dispositifs d'enseignement bilingues varient selon les paramètres d'organisation scolaire, selon le statut de la langue seconde, mais aussi selon les objectifs de l'enseignement de cette langue (maintien ou enrichissement linguistique), le matériel didactique utilisé et le degré de l'immersion (partielle, totale). Les dispositifs d'enseignement scolaire bilingue tiennent compte de facteurs socio-historiques et structuraux comme par exemple l'équilibre entre différentes communautés (Hamers / Blanc, 83, ch. VIII), tout aussi bien que de facteurs socioculturels et psychologiques, à savoir le statut des langues en contact évoqué dans le premier chapitre : les facteurs de réussite dans le bilinguisme familial (Mahlstedt, 96), la connotation positive par l'école et l'enfant. Ce dernier point est très important : on remarque que des enfants, dont l'école ignore le bilinguisme familial parce que leur L2 est une langue "inexistante" pour le système scolaire, sont souvent en échec scolaire. En revanche, " *on s'aperçoit que bon nombre d'enfants d'origine étrangère réussissent mieux leurs études s'ils possèdent une bonne connaissance de la langue de leurs parents.* " (Deprez, 94, p.20). En se basant sur ce principe, les écoles bilingues en Alsace n'écartent pas la première langue des enfants (le français), parce que le français et l'allemand se structurent mutuellement et font acquérir une compétence linguistique double à des enfants de trois ans qui ne sont pas encore en possession complète de leur première langue. Inversement, si la première langue des enfants est le dialecte alsacien, il faut impérativement lui laisser une place dans l'enseignement, mais l'application de ce principe semble faire difficulté aux enseignants. Avec le français et l'allemand, nous sommes en présence de deux langues internationales connotées positivement. Mais il y a comme une classification cachée des langues, une sorte de " *valeur marchande des différentes langues c'est-à-dire la possibilité de mobilité et de promotion sociale que donne le fait de les parler. De ce point de vue le bilinguisme français-anglais est plus prestigieux, plus recherché que le trilinguisme français-kurde-turc.* " (Deprez, 94, p.28). L'idée serait de valoriser les deux ou trois langues en présence, et de leur faire une place à l'école. Comme il n'est pas possible de proposer dans le cadre d'un apprentissage structuré toutes les langues parlées par les enfants, à défaut d'un apprentissage linguistique, il faudrait veiller à une attitude positive vers les autres langues, leurs locuteurs, et l'altérité culturelle. C'est à ces conditions que l'aventure bilingue scolaire sera couronnée de succès et que les enfants se sentiront accueillis avec toutes leurs langues et toute leur personnalité.

3.2.3. Les élèves

Les élèves sont au centre des systèmes scolaires, mais dans tout dispositif scolaire, certains des élèves sont marginalisés, par exemple, par leurs performances, leur origine, leur milieu, leur(s) langue(s), leur sexe ou un handicap. En Côte d'Ivoire, par exemple, il y a une nette sous-représentation des filles à l'école, comme en Inde. L'Inde est sûrement l'un des pays où les filles sont le moins scolarisées, car elles sont souvent mariées dès l'âge de trois ou quatre ans, même si la loi l'interdit. Bien que le système des castes soit officiellement interdit depuis 1947, il est néanmoins encore très présent dans la population et provoque des écoles de castes. En Inde, des écoles non gouvernementales et gratuites fonctionnent en école du soir pour les enfants qui travaillent la journée. La Tunisie connaissait traditionnellement plus de garçons que de filles à l'école primaire, mais depuis 2001-02 ce n'est plus le cas. A partir de l'enseignement secondaire (13-19 ans), le taux de scolarisation des filles est même plus élevé que celui des garçons qui partent eux souvent déjà dans la vie active. La continuité de la fréquentation scolaire n'est pas garantie. Le Brésil est traditionnellement un pays avec beaucoup de redoublants (24% en primaire, 18% en secondaire). Une étude menée par le Ministère de l'Education nationale a révélé que sur 100 élèves entrant dans le système public au Brésil, 50% finiront le primaire, 28% le secondaire et 12% à peine atteindront l'université. Il y a de grosses ruptures entre les différents cycles, ainsi que de nombreuses sorties anticipées du système éducatif. Mais les pays occidentaux et riches n'ont pas non plus résolu le problème. Nous avons déjà relevé le cas du Luxembourg où jusqu'à un quart des élèves quittent le système sans diplôme de fin d'études, à cause du niveau très exigeant requis en plusieurs langues. Le redoublement est souvent lié à la taille excessive des classes. En Côte d'Ivoire, on trouve environ 60 élèves par classe en ville, mais jusqu'à 100 à la campagne. Les élèves sont d'ailleurs regroupés par niveau et non pas par âge, car il n'y a pas moyen de les faire tous démarrer au même âge. En primaire, les élèves sont obligés de parler le français, " sous peine d'amendes ". On imagine aisément les difficultés des jeunes enfants pour apprendre une langue scolaire qui n'est pas celle de leur famille, assis par terre avec 80 autres enfants. Cependant, pour l'apprentissage de la L2, les études analysées (Blondin, Candelier, Edelenbos, 98, p.35) n'établissent pas de lien entre la taille des classes et les résultats des enfants dans l'enseignement précoce des langues vivantes. Dans les écoles privées associatives en France, une caractéristique des classes bilingues est une surreprésentation de classes à double voir à triple niveau (écoles *Diwan, Dihun*, *Calandretas*, classes *A.B.C.M*). Dans les classes bilingues paritaires de l'enseignement public du premier degré, la tendance est la même. Un seuil minimal d'élèves est exigé avant l'ouverture d'un site bilingue, et l'on a souvent du mal à réunir le nombre d'enfants nécessaire dans une tranche d'âge.

3.2.4. Les parents

L'étude *La place des parents dans les systèmes éducatifs de l'Union européenne*, décrit les initiatives et les mesures prises en matière d'implication parentale tant au niveau national qu'au niveau des établissements scolaires (Eurydice, 97). Les modalités de représentation et le rôle des parents dans les différentes instances de participation sont présentés pays par pays. En introduction, une synthèse comparative est consacrée à l'analyse détaillée de ces différents modes d'organisation de la participation parentale : elle fait le point sur la diversité des situations nationales mais aussi sur les convergences qui existent en Europe. En France, les parents ne rentrent pas facilement dans les classes, ni d'ailleurs dans l'école. La peur des attentats renforce périodiquement cette situation de protection de l'espace scolaire de toute incursion étrangère. Mais les parents sont représentés dans les conseils de classe et il y a des rencontres annuelles entre parents et professeurs. En Allemagne, les parents peuvent s'impliquer davantage dans la vie scolaire, des consultations régulières ont d'ailleurs lieu entre enseignants et parents, tradition qui se poursuit ultérieurement dans les consultations entre professeurs d'université et étudiants. En Colombie britannique, l'enseignant doit rencontrer deux fois par an les parents, ce n'est pas laissé à l'appréciation des parents. En Côte d'Ivoire, le foyer familial a une grande importance pour l'acquisition du français, ce qui crée des inégalités dès le départ. Le français étant un facteur de cohésion et d'unité nationale, c'est la langue par laquelle passe la promotion sociale. A Malte, des cours du soir sont même proposés aux parents d'enfants scolarisés, pour les aider à suivre leurs enfants durant leur parcours scolaire. Les droits individuels et collectifs des parents et leur implication sont très variés, et leur représentativité fonctionne de manière très différente. A titre d'exemple, les élus des parents d'élèves allemands ne dépendent pas d'une association de parents, mais sont élus à titre personnel. Les parents jouent un grand rôle dans la mise en place de dispositifs bilingues : c'est souvent d'abord aux écoles associatives d'expérimenter de nouvelles voies, et quand l'aventure est concluante, l'école publique de l'Etat en question prend la relève. Tel est le cas en Alsace par exemple, où les trois premières classes associatives français-allemand se sont créées en 1991, l'Education nationale proposant le même dispositif dès l'année suivante. Les parents ont également un grand rôle à jouer dans l'ouverture de classes bilingues. En Autriche, les parents d'au moins 25% des élèves doivent faire une demande d'enseignement bilingue allemand-croate pour qu'elle soit accordée. Comme il existe souvent des seuils d'ouverture de nouvelles classes bilingues, les jeunes parents doivent informés des possibilités existantes. Il faut qu'ils comprennent l'enjeu d'une telle demande alors que leurs enfants n'ont que deux ou trois ans. C'est surtout dans les pays où l'on enseigne selon le principe de l'immersion précoce dès la maternelle qu'il faut agir très vite. Un système d'immersion tardive à l'entrée dans le secondaire est plus facile à gérer de ce point de vue. Cet ouvrage veut promouvoir une meilleure information auprès d'un public large et essentiellement des parents. Les stratégies parentales dont le choix de langues des enfants, notamment dans celui de la première langue, sont de la plus grande importance : si les parents sont d'accord avec les dispositifs de langue mis en place, ou s'ils en sont demandeurs, le dispositif en bénéficie et les résultats s'en ressentent (Blondin et al., 98, p.35). Les parents bien informés utilisent pour leur enfant une stratégie dite " *d'excellence* " (Puren, 99a, p.70) : celle-ci implique de leur part une certaine confiance dans les capacités de leur enfant à se situer parmi les meilleurs, ou une confiance dans les effets bénéfiques sur leur enfant d'un bon environnement d'apprentissage (avec des élèves issus des mêmes classes sociales) et d'enseignement. Mais si le processus actuel en France réduit la diversification linguistique, c'est parce qu'on accepte tacitement la stratégie parentale la plus massive qui est celle " *de sécurité* " avec l'anglais LV1 et l'espagnol LV2. Bien d'autres stratégies, plus minoritaires mais très différenciées, existent en France, et on pourrait se donner les moyens de les développer : outre "*cette stratégie de l'excellence (...), il existe une stratégie de la proximité (la langue des voisins aux frontières : le néerlandais, l'allemand, l'italien, l'espagnol), une stratégie de la culture d'origine (qu'elle soit externe comme l'arabe, le berbère, le portugais, le polonais, l'hébreu, le chinois..., ou interne à la France même comme le breton, le basque, l'occitan et le corse), une stratégie pré-professionnelle (qui peut, outre l'anglais, orienter vers de nombreuses autres langues), une stratégie de la différence (une langue très peu enseignée), ou encore, pourquoi pas, une stratégie de la préférence (une langue que l'on a choisie parce qu'elle plaît, tout simplement).* " (Puren, 99a, p.70).

3.2.5. Les enseignants

Quels enseignants pour les classes bilingues ? Nous retrouvons dans cette synthèse les questions posées en début de chapitre concernant l'objectif de la section bilingue. L'objectif ciblé conditionne le choix de l'enseignement : produire des bilingues soit en fin de scolarité, soit perfectionner le niveau d'enfants déjà bilingues au départ. Si les enfants possèdent au départ une compétence élevée de la langue-cible, on embauche souvent des enseignants de langue maternelle. Dans les trois lycées franco-allemands par exemple, les D.N.L. sont enseignées dans des classes intégrées (immersion réciproque) par des enseignants natifs qui utilisent chaque fois la méthodologie et les outils en vigueur dans leur pays. Les élèves de ces classes sont issus des deux sections scolaires (section française et section allemande) et des deux langues en contact. L'entrée dans ces sections est soumise à conditions. Si le bilinguisme est un objectif de fin de scolarité, comme c'est le cas des lycées à section bilingue en Allemagne (Bufe, 94), ce sont des professeurs de langues étrangères qui interviennent en L2, et les D.N.L. sont enseignés par un professeur non natif, à un groupe homogène de non-natifs monolingues en L1. La langue de l'enseignant est en même temps la langue majoritaire des élèves. Comme l'objectif de fin de scolarité doit être atteint par un "bon élève" non bilingue, il n'y a pas d'entretien et peu de sélection à l'entrée. Dans ces filières bilingues en Allemagne, les aspects culturels et interculturels sont beaucoup moins présents, la tradition méthodologique française de l'enseignement de l'histoire-géographie par exemple n'est pas appliquée par l'enseignant allemand et le contact réel avec des locuteurs francophones est plus limité.

Tous les enseignants ne sont pas fonctionnaires - Dans l'enseignement public à Malte par exemple, les enseignants ont le statut de fonctionnaire alors que dans le privé, ils sont recrutés directement par l'école. Dans les pays de tradition latine, deux catégories d'enseignants existent: les enseignants avec un statut précaire (contractuels, vacataires,...) et les titulaires recrutés sur la base d'un concours. Le système du concours permet de réguler les flux chaque année, en fonction des besoins en enseignants. Dans plusieurs pays ou régions, ce n'est pas l'Etat qui embauche, mais la Région. Ainsi en Pays valencien (Espagne), l'embauche se fait essentiellement par la Région autonome et seulement 30 % des postes sont nationaux. Un recrutement plus régional permet de mieux profiler les postes, notamment en langues (régionales). Une fois en poste, l'avancement des enseignants est aussi culturellement marqué. L'Allemagne ne connaît quasiment plus d'avancement au mérite sur la base d'une notation attribuée par un inspecteur, le *Schulrat*, mais fait avancer les enseignants uniquement à l'ancienneté. Au Luxembourg, deux avancements se complètent : un avancement national entraîne une augmentation du salaire à l'ancienneté alors qu'un avancement communal permet un plus grand choix de sa classe en début d'année. Au Pays basque espagnol, l'inspection se fait également à deux niveaux, une inspection à l'échelle nationale et une autre au niveau de la communauté autonome. Le Canada enfin a aboli le système des inspecteurs, pour les remplacer par des conseillers pédagogiques ! Parfois, le système publique et le privé se touchent étrangement : A l'Ile Maurice (système éducatif de type anglo-saxon), 60 % des enseignants du primaire donnent des cours privés après l'école à leurs élèves, souvent au sein de l'école. "Cours privé" ne veut d'ailleurs pas dire "cours individuel", mais il s'agit de classes d'environ 40 enfants, alors que le matin ils sont 60 par classe. C'est une marque d'estime de la part des familles envers l'enseignant de lui confier son enfant en privé, tout en assurant un doublement du salaire à celui-ci. Dans d'autres pays d'ailleurs, certains enseignants assurent un deuxième métier rémunéré à côté de celui d'enseignant. Quand tous les enfants n'accèdent pas à l'école, des écoles parallèles se créent parfois comme en Afghanistan à l'époque où les femmes enseignaient clandestinement et les filles n'étaient pas scolarisées. Au Sénégal, des associations proposent depuis plusieurs années "l'école de la rue" aux enfants ne pouvant être scolarisés car ils travaillent pour subvenir aux besoins de la famille. Pour eux aussi, on a besoin d'enseignants.

Les diplômes ou examens requis - Il n'est pas possible de donner la liste exhaustive des critères permettant d'être recruté sur titre ou examen comme enseignant. Néanmoins, nous pouvons indiquer quelques grandes lignes : Pour enseigner dans le second degré en Europe, il faut souvent un niveau de quatre années d'études universitaires (maîtrise en France, bientôt M.A. *Master of Arts*), avant de passer un concours (système éducatif du type latin) ou un stage de pratique accompagné de 12 à 24 mois (*Referendariat*, en Allemagne par exemple). Pour les enseignants du premier degré, trois années d'études en université (niveau licence en France, bientôt B.A. *bachelor of Arts*) ou dans des Hautes Ecoles de Pédagogie (Suisse, Allemagne, Autriche) sont requises. Pour l'éducation préscolaire, les formations sont rarement universitaires et ne dépendent généralement pas des ministères de l'éducation des pays concernés. D'un maximum de formation de trois ans, les titulaires restent généralement dans le système préscolaire. Rares sont les pays comme la France et le Luxembourg qui forment les enseignants de maternelle au même niveau universitaire que les enseignants du primaire. Dans beaucoup de pays (l'Ile Maurice par exemple), aucune formation n'est mise en place pour le préscolaire qui souvent n'est pas géré par l'Etat, mais par le privé. Le fait qu'un poste ne soit pas garanti à la sortie, incite les futurs enseignants allemands et autrichiens par exemple à se former davantage, notamment dans le domaine des langues ou de l'enseignement bilingue, afin d'augmenter les chances d'emploi. Il y a donc un lien entre le système éducatif de base et la motivation de choisir une filière "langue" ou bilingue. De plus en plus de pays proposent des formations spécifiques en langues à tous les enseignants, et pas seulement aux futurs enseignants bilingues. Le Bade-Wurtemberg (Allemagne) donne par exemple une bonification si le futur enseignant suit des cours de turc. L'objectif n'est pas de pouvoir enseigner le turc, mais d'accueillir l'enfant turc dans sa langue et de pouvoir dialoguer avec sa famille. Pour l'enseignant, cette bonification peut accélérer l'accès à un poste car en raison du recrutement lié aux besoins d'une région, c'est la moyenne des notes à l'examen final qui déterminera l'embauche dans le cadre de la bivalence disciplinaire. En fonction de la combinaison des disciplines recherchées sur le marché du travail au niveau d'un *Land* allemand par exemple, une langue d'origine peut constituer un atout. Certains pays imposent d'ailleurs des formations linguistiques ou des examens en plusieurs langues pour les futurs enseignants : le Pays basque espagnol fait passer un examen linguistique obligatoire dont ne sont exceptés que ceux ayant suivi une formation en basque. Le niveau 1 du EGA (*Euskararen Gaitasun Agiria*) est exigé chez tous les enseignants alors que le niveau 2 est exigé pour les enseignants du bilinguisme. Le Tyrol du Sud connaît une situation comparable avec son examen bilingue obligatoire allemand-italien. En fonction du métier, il faut passer l'un des quatre niveaux de difficulté. Non seulement les enseignants, mais aussi les médecins, pharmaciens, avocats, etc. qui sont par l'exercice de leur métier en contact avec des locuteurs de différentes langues du territoire, doivent passer cet examen. L'examen pour devenir enseignant se situe au niveau le plus difficile. Pour les populations des vallées ladines, cet examen bilingue devient un examen trilingue car le ladin s'ajoute aux langues italienne et allemande. Le Luxembourg impose à tous les futurs enseignants un semestre de civilisation portugaise pendant la formation, car cette communauté constitue la plus grande partie des résidents non luxembourgeois sur le territoire. De plus, tout futur professeur des écoles au Luxembourg doit passer six épreuves orales et écrites en allemand, français et luxembourgeois.

3.3. Avantages de l'enseignement bilingue

A l'heure actuelle, l'efficacité de l'enseignement bilingue semble généralement admise. Ce constat est illustré par la multiplication des classes bilingues dans le monde entier, même si toutes ne fonctionnent pas selon un même modèle d'enseignement bilingue. Cependant, jusqu'à présent, ce succès de l'enseignement scolaire bilingue est largement dû aux intuitions des enseignants dans la mesure où des concepts théoriques de base font souvent défaut, et que les concepts essentiels manquent de clarté. Par exemple, les principes d'enseignement, les contenus et les objectifs peuvent être prioritairement ceux de la matière enseignée ou bien ceux d'un cours de langue qui, à travers l'enseignement d'une matière spécifique, retrouve une certaine authenticité et une meilleure performance dans l'utilisation de la langue. Faut-il fixer des objectifs spécifiques en langue et en discipline sans connexions, associer langue et contenu, ou bien les dissocier ? La recherche n'a pas encore établi les véritables concepts sous-jacents à l'approche de la D.N.L. (discipline non linguistique enseignée en L2) ou du C.B.L.T. (*Content-based language teaching*), celle d'un enseignement bilingue de disciplines (C.B.L.E. *Content-based bilingual education*) ou celles des études intégrant langue et contenu (C.L.I.C. *classes intégrant langue et contenu*) ou encore du C.L.I.L. (*Content and language integrated learning*). La richesse des sigles rend compte de la richesse des approches et des contextes. Sont-ils différents pour l'enseignement bilingue en premier et second degré ? On constate qu'à l'école élémentaire, c'est généralement un généraliste compétent en langue qui intervient, alors que dans le second degré en France, les enseignants sont majoritairement des enseignants spécialistes d'une discipline qui ont bénéficié d'une formation en langue. Les deux sortes de formation ont des conséquences sur le style d'enseignement dispensé par la suite. Nous avons eu l'occasion de montrer brièvement les orientations des trois générations d'enseignement bilingue d'après Gajo (Gajo, 01). Il faut une grande connaissance de tous ces dispositifs d'enseignement bilingue pour apprécier et comparer les résultats des différentes évaluations ; celles-ci étant profondément ancrées dans un contexte très précis, il y a des risques car on "*entrevoit dès lors très vite des confusions possibles entre des parcours, des conditions d'accès au bilinguisme, des fonctionnalités et des résultats*." (Gajo, 01, p.127). Toutes les innovations dans le système éducatif sont sommées, après quelques années de fonctionnement, de justifier de leur utilité et de la nécessité du changement. Les procédures classiques ne sont, par contre, que rarement sujettes à évaluation puisque héritières de la tradition. Les évaluations internationales des compétences des élèves de quinze ans (PISA, *Programme for International Student Assessment*) dans les différents pays de l'O.C.D.E. ont peut-être mis fin à cette pratique, les systèmes éducatifs nationaux étant depuis 2002 mis en concurrence à l'intérieur de l'Europe. En ce qui concerne l'enseignement bilingue, ce sont le plus souvent des évaluations portant sur des compétences linguistiques qui sont mises en place. Deux procédés existent pour constituer des groupes témoin lors d'une expérimentation : dans le premier, l'échantillon est constitué d'enfants fréquentant un cursus bilingue alors que le groupe témoin est constitué par des enfants de la même école (donc supposés issus du même contexte socioculturel) mais fréquentant la filière non bilingue : c'est possible en Alsace dans la mesure où des classes bilingues coexistent avec des classes monolingues au sein d'une même école, un même site bilingue en maternelle ou primaire. Les évaluations peuvent alors porter sur la L1 (français dans le cas de l'Alsace) ou la L2, si les enfants du groupe témoin apprennent l'allemand. Dans ce cas, on compare le dispositif bilingue 13 / 13 au dispositif extensif de deux ou trois heures hebdomadaires de langue étrangère. Dans le deuxième procédé, la comparaison des bilingues scolaires porte sur des enfants issus du pays de la langue-cible pour lesquels la langue évaluée est leur première langue. On compare, par exemple, les compétences en anglais d'un enfant francophone scolarisé en classe internationale (L2) en France, aux compétences des petits Anglais en Angleterre pour lesquels il s'agit de la L1. Le point de vue adopté alors est celui du monolingue, c'est-à-dire qu'on évalue le bilingue par rapport à des critères conçus pour et par les monolingues. Confronté aux compétences des locuteurs L1, un enfant scolairement bilingue devra, dans cette logique, être aussi performant que deux monolingues réunis. Atteindre un tel objectif est déjà difficile pour des enfants bilingues de naissance, mais c'est un défi encore plus important pour des jeunes enfants en pays étranger à qui manque l'ensemble d'expériences extrascolaires. Ces problèmes méthodologiques d'évaluation scolaire en classe bilingue permettent néanmoins de relever certaines incohérences des systèmes et de dégager quelques constantes. Nous appuyant sur différentes évaluations, nous présenterons les effets linguistiques sur la L2 et la L1 (la compétence en langues en sorte), les effets sur les autres disciplines, puis nous présenterons les bénéfices cognitifs, stratégiques, métalinguistiques et culturels.

3.3.1. Effets bénéfiques L2, L1, L3, L4

Bénéfices pour la L2 - L'éducation linguistique en deux langues rend les enfants aptes à déjouer les pièges sémantiques, à intégrer des syntaxes différentes, à comprendre le mécanisme des langues. L'acquisition ultérieure d'une troisième ou quatrième langue en sera largement facilitée. La langue-cible est mieux apprise si elle est **langue d'enseignement** dans un cursus bilingue que si elle est enseignée de manière traditionnelle, c'est à dire comme objet d'apprentissage. Le tout jeune enfant est naturellement doté de capacités d'acquisition linguistique exceptionnelles, sur le plan de la phonétique et de la morphosyntaxe notamment. Par conséquent, si on installe un bilinguisme précoce, les **compétences auditives et phonatoires** sont améliorées en L2 : le jeune enfant, disposant d'une palette importante d'acquisition et de reproduction des sons, va pouvoir développer, dans l'enseignement bilingue, ces deux références phonatoires et les conserver. Chez l'enfant monolingue, les sons non utilisés par la langue maternelle vont petit à petit disparaître de l'inventaire phonatoire de l'enfant qui fixe sur un seul registre. Au bout de quelque temps, l'enfant ne pourra plus former ces sons étrangers, plus tard encore, il ne pourra même plus les distinguer (discriminer) et sera de fait incapable de reproduire certains sons

(Petit, 02). On évoque le concept de **période dite sensible ou critique** (Petit, 01b, p.34) pour affirmer qu'au-delà de 4 ou 5 ans, la capacité acquisitionnelle régresse. La théorie de la **stabilisation sélective des synapses** de 1973 "*explique la plasticité du jeune âge (...) par la surabondance des connexions neuronales (synapses) qui ne se maintiennent et ne se déploient que si elles sont suffisamment sollicitées pendant la période critique alors qu'elles entrent en dégénérescence rapide dans le cas contraire.*" (Petit, 01b, pp.33-34). L'inspecteur général Denis Girard avait déjà signalé (Girard, 74) les effets de l'enseignement précoce des langues vivantes étrangères, la "*bonne prononciation*", la "*qualité de l'expression*", la "*variété du vocabulaire*" des enfants qui ont suivi une initiation précoce ainsi que leur "*grand intérêt*" pour la langue. Il ne s'agissait pas d'enseignement bilingue ou immersif, mais seulement d'apprentissage précoce des langues, sans aucun changement dans la façon d'enseigner les autres matières, mais déjà, les résultats étaient satisfaisants. Si on rajoute à ces résultats de 1974, la motivation dont font preuve aujourd'hui les élèves pour l'enseignement des disciplines enseignées en langue étrangère, plus qu'à la langue étrangère elle-même, on comprend mieux les bonnes performances des enfants scolairement bilingues. On peut donc penser qu'en augmentant le **volume horaire** pour parvenir à l'enseignement paritaire, par exemple, dans lequel la moitié de l'enseignement est effectué en L1 et l'autre en L2, on améliorerait encore les compétences linguistiques et notamment phonétiques. En Alsace, le rapport de 1996-97 émanant de la *Commission académique d'évaluation de l'enseignement des langues* soulignait (p.6) que les performances de compréhension en allemand augmentaient en fonction de trois variables : l'âge, l'horaire d'immersion (3, 6 ou 13 heures hebdomadaires)[17], ainsi que la durée de cette immersion. Ce rapport précisait également que les langues étrangères ne nuisaient pas aux matières traditionnelles,

[17] En Alsace, les sites 3 heures hebdomadaires relèvent de l'enseignement extensif d'une langue vivante dans le primaire, conformément aux réglementations nationales. Les sites 6 heures étaient une expérimentation passagère jusqu'en 1996 avant que soient généralisés les sites bilingues paritaires à 13 heures hebdomadaires (Geiger-Jaillet, 04b).

argument qui sert encore aujourd'hui pour rassurer certains parents et enseignants. Ce rapport montre que la variable horaire est pertinente : il y a des différences significatives selon la durée hebdomadaire consacrée à l'allemand (Geiger-Jaillet, 99). Selon Petit (Petit, 01b), il est nécessaire de recourir à une exposition intense à la langue-cible pour activer les stratégies naturelles de l'acquisition, qui sont de type perceptuel (les enfants repèrent les éléments les plus fréquents et les plus saillants) et ne peuvent donc pas être déclenchées par des dosages homéopathiques. Dix minutes de langue étrangère par jour peuvent familiariser les enfants avec quelques sons, éveiller leur curiosité, enlever la peur d'une langue étrangère, mais jamais garantir une compétence linguistique. Outre la durée quotidienne, le **nombre d'années** d'enseignement est également pertinent, il y a un effet palier, entre la 3e et 4e année, dans toutes les compétences évaluées. Par ailleurs, les enfants évalués en CM2 en sites à 6 heures voient leurs performances très notablement augmentées à l'issue de l'école primaire par rapport à ceux ayant commencé plus tard, avec quelques réserves quant aux productions orales. Celles-ci seraient moins bonnes, mais à notre sens, il faut relativiser ce résultat dans la mesure où l'effectif représentait moins de 3% de l'échantillon et de fait ne pouvait isoler "l'effet maître". C'est d'ailleurs ce que souligne la commission, selon laquelle la qualité de la production orale dépend en partie de la forme d'intervention du maître auprès des enfants. Rappelons à ce propos qu'en matière de langue vivante comme de toute autre matière scolaire, ce qu'il est convenu d'appeler "l'effet maître" (Bressoux, 1997), semble être une variable déterminante en terme d'apprentissage. Sophie Genelot confirme la pertinence de cette variable avec des enseignants d'anglais précoce (non bilingue) répartis selon l'âge, le statut, la formation continue pour devenir enseignant E.PL.V. et l'ancienneté dans l'enseignement de cette langue. Pour elle, " *le niveau de formation des intervenants en anglais a un effet significatif sur les acquisitions des élèves* " (Genelot, 97, p.35). L'importance de la **durée d'apprentissage**, variable essentielle à bien des regards quand on pense à l'introduction de plus en plus précoce des langues, ne serait pas la seule clé de réussite ou d'échec : anticiper seulement de quelques années l'introduction d'une langue étrangère, ne garantit pas seul un effet positif. La méthode utilisée ainsi que la personnalité de l'enseignant semblent occuper un rôle central quand on compare des classes qui suivent le même dispositif. Il est évident que d'autre variables entrent en jeu, comme le temps consacré aux devoirs à la maison (parfois plus important que dans une formation monolingue), "l'effet-famille" avec des voyages dans le pays, la fréquentation d'un correspondant, etc. Leur rôle est peut-être encore plus important que l'effet-maître, mais les recherches consacrées à ces variables sont plus difficiles à mettre en place que celles d'un enseignement structuré, et donc quasi inexistantes. Nous insisterons par après sur le rôle des parents pour qu'ils utilisent la L2 en famille quand c'est possible, afin de créer un bain linguistique à leur enfant. Ces observations confirment pour une part et relativisent par ailleurs l'importance de la variable "durée" qui considère que plus l'enseignement intervient tôt, plus il porte de fruits. De récentes études relativisent l'importance de l'horaire. Ainsi, la recherche de Wode (Wode et al., 96), dans les petites classes des *Gymnasien* allemands, accrédite la thèse selon laquelle, s'il y a bien une nette différence, toutes compétences confondues, entre solutions classiques (horaires légers) et solutions bilingues ou horaires renforcés, il n'y a pas d'énormes différences entre les deux dernières. Dans cette étude, les horaires renforcés concernent l'enseignement en L2 de l'histoire ou de la géographie. D'autres études ont montré que dans un contexte spécifique, l'apprentissage précoce n'a d'effets que jusqu'à la première année du collège. Selon l'étude de Genelot (Genelot, 97) sur l'apprentissage précoce de l'anglais dans la région dijonnaise sur mille élèves apprenant l'anglais et 500 élèves témoin, les **variables socioculturelles** classiques sont également pertinentes pour les langues, tandis que la variable "durée de l'initiation" ne se ferait plus sentir après la sixième. Autrement dit, les élèves non initiés aux langues rattraperaient leur retard en un an notamment parce qu'on "recompose" des classes sans pouvoir réellement partir des acquis des élèves. Cette recomposition pose un problème aux élèves et aux enseignants, mais également un problème épistémologique au niveau des évaluations à mettre en place. De l'ensemble, encore fragmentaire, de ces études, il apparaît que si la durée est une variable à prendre en considération quand on vise des objectifs de bilinguisme, la **précocité seule** d'un enseignement de LV ne suffit pas à en assurer le succès. Les études citées (Porcher, Groux, 98, p.70) sont concordantes pour affirmer que la transition entre l'école primaire et le collège est essentielle. L'effet positif de l'enseignement précoce peut très rapidement disparaître si on n'envisage pas au collège de façon spécifique la situation de ces enfants. Ce constat n'est pas nouveau. Malheureusement, l'expérience Delaunay (Delaunay, 73) a été interrompue en grande partie parce que des études montraient qu'il n'y avait que peu d'effets durables sur l'apprentissage au collège. C'est une des conséquences du rapport Girard qui d'un côté notait des effets positifs et d'un autre déplorait l'insuffisance de relations entre primaire et secondaire. Avec le temps, on s'est rendu compte que c'était bien parce que ces enfants aux compétences en langues étrangères avérées étaient mélangés avec d'autres qu'ils "désapprenaient" ou n'entretenaient pas positivement leurs acquis. Cette situation n'est d'ailleurs pas propre à la France. Dans les années 70, l'Angleterre a commis les mêmes erreurs sur ce registre (Girard, 95). Il faut être extrêmement vigilant quand on lit des bilans d'évaluation. Depuis, beaucoup d'efforts ont été faits pour assurer la continuité des dispositifs bilingues au collège et au lycée. Cette transition continue entre les différents niveaux du système d'enseignement et les différents types de structures d'enseignement est nommée "*cohésion verticale*" par Werlen dans le contexte allemand (Werlen, Mékaoui 01). La "*cohésion horizontale*", elle, doit assurer qu'un élève, quand il change de filière[18], puisse poursuivre sa scolarité avec la langue étrangère de départ. La cohérence horizontale assure également une concordance des processus d'enseignement et d'apprentissage en milieu scolaire et extrascolaire, en liant l'enseignement des langues suivantes au monde quotidien des élèves. On peut citer dans ce contexte la continuité éducative et l'harmonisation des cursus bilingues de la maternelle jusqu'au lycée telles qu'elles ont été conçues et mises en place en Alsace (Morgen, 00b). Les **écoles européennes**, qui

[18] Le système éducatif germanique connaît, à partir du secondaire, trois filières, dont seulement le *Gymnasium*, conduit au baccalauréat général.

n'existent pas en France, comme nous l'avons vu, affichent également de très bons résultats linguistiques. Leurs enseignants sont toujours des locuteurs natifs et, comme en Alsace, mais contrairement aux dispositifs canadiens, on ne néglige pas la première langue de l'enfant. Les **heures européennes** où des enfants de plusieurs langues sont regroupées un après-midi par semaine, ont beaucoup de succès. Les enfants pratiquent jusqu'à quatre langues de l'Union européenne et, dans le secondaire, des enseignements disciplinaires ont lieu dans au moins deux langues étrangères. Les bénéfices linguistiques en L2 de l'enseignement bilingue sont perceptibles tant au niveau phonologique que lexical (en langue courante et en ce qui concerne la richesse lexicale des différentes matières enseignées dans cette langue). Les bénéfices se situent également au niveau syntaxique et pour les compétences textuelles, basées sur la conscience graphique. On obtient ces résultats aussi bien dans des écoles publiques que privées ou associatives, comme le démontrent Petit et Rosenblatt (2000). Les **compétences textuelles**, à la base des processus de lecture et d'écriture, permettent à l'enfant de comprendre et de produire des textes variés tels que des recettes de cuisine, des dialogues, des récits, des problèmes mathématiques. L'enfant accède au sens grâce à **l'écrit**. Avoir deux écrits comme référence est un atout supplémentaire car l'enfant se rend "*compte qu'un même sens peut être construit par deux écrits différents*" et va se "*fabriquer des repères supplémentaires en terme de comparaisons, de recoupements, de similitudes ou différences*" (Duverger / Maillard, 96, p.23). Ce fait est observé depuis un certain nombre d'années dans les classes bilingues. L'objectif des sites bilingues est une "maîtrise comparable" dans le domaine des compétences textuelles. Pour ce faire, on peut, dans un premier temps, répartir les types de textes rencontrés. Par exemple, une fois le type de texte "recette de cuisine" travaillé en allemand en site bilingue, ces élèves en majorité francophones arriveront très rapidement à transposer cette technique en français. Dans les sites bilingues alsaciens, les enfants apprennent à lire presque simultanément dans les deux langues (Circulaire rectorale sur la lecture en C.P. bilingue du 24 janvier 1997), ce qui peut constituer une difficulté supplémentaire, mais également une chance. Des études anciennes avaient montré l'effet néfaste de la simultanéité, mais aujourd'hui, avec une meilleure connaissance des effets réciproques de L1 et L2, les objections de certains maîtres, qui avaient défendu la séparation stricte des deux langues, sont balayées. Il y a un risque, certes, mais il n'est pas insurmontable. Différer de quelques semaines l'apprentissage de la lecture en L2 est actuellement la solution pratiquée la plus réaliste. Les tests canadiens, depuis l'expérience de Lambert et Tucker (Lambert, Tucker, 72), sont toujours une référence pour celui qui veut s'initier à la méthodologie de la recherche en bilinguisme scolaire. Ils comportent des évaluations dans quatre domaines, à savoir les tests de mesure du développement en L1, puis L2 ; les tests de connaissance apprises en français L2 mais testées en anglais (mathématiques, sciences, etc.), et les tests d'intelligence avec leurs deux composantes, intelligence verbale et non verbale, et tests de pensée divergente, de créativité, de flexibilité (Hamers, Blanc, 83, p.318).

Effets linguistiques sur la première langue (L1) - Dans différents programmes d'immersion canadiens, "*sur la base des tests administrés chaque année et de dix ans d'expériences diverses* " (Hamers, Blanc, 83, p.318), les chercheurs ont conclu qu'aucun retard n'était constaté en compréhension et expression orales en langue maternelle. " *En lecture et en écriture, les élèves d'immersion accusent dans les deux premières années un retard par rapport au groupe témoin anglophone (...), mais non seulement ils finissent au même niveau que le groupe de contrôle, mais ils le dépassent parfois* " (Hamers, Blanc, 83, pp.318-319). On ne peut plus affirmer aujourd'hui que le fait d'apprendre une deuxième langue tôt à l'école, perturbe le développement de la première langue. Au contraire, les théoriciens du bilinguisme affirment depuis les années soixante-dix que l'apprentissage d'une seconde langue étrangère renforce les compétences dans la langue maternelle (Porcher, Groux, 98, p.37). Il y a donc bénéfice pour les deux langues, contrairement à ce que l'on a longtemps pensé. Un enfant peut très bien avoir deux ou plusieurs langues. Ce qui est important, c'est d'accepter que les compétences dans les langues puissent être différentes et complémentaires. Et il apparaît souvent que les "*performances des élèves des classes d'immersion dans leur langue maternelle sont au début inférieures à celles des* *groupes de comparaison monolingues. Mais ce retard est rattrapé en fin de quatrième année d'école primaire (à l'âge de 11-12 ans) et se transforme en avance* " (Petit, 01b, p.48), d'abord non significative, puis au-delà du seuil de signification vers l'âge de 13-14 ans. Pour la France, ces évaluations ont été réalisées à l'entrée au C.E.2. et l'entrée en sixième avec les tests de l'I.N.R.P., dans des classes immersives associatives et des classes bilingues paritaires de l'enseignement public. Au regard de ces résultats, il suffit donc de prévenir les parents de ce décalage, et de s'armer de patience parce qu'en fin de compte, " *l'acquisition précoce et intensive d'une langue 2 aboutit à une maîtrise plus poussée de la langue maternelle* " (Petit, 01b, p.48). Ce sont l'apprentissage de la lecture et de l'écriture qui se trouvent renforcés dans la première langue (L1). L'enfant, très tôt mis en contact avec deux langues, compare celles-ci entre elles, se rend compte de leur fonctionnement et développe une conscience métalinguistique, en passant par une analyse des relations étymologiques et des comparaisons de structure (Perregaux, 94). Les recherches montrent pour la France, comme pour le Canada, que les résultats scolaires de ces enfants au niveau de l'entrée en sixième (c'est encore plus flagrant en 4ème -3ème) sont supérieurs à ceux des enfants monolingues. Les résultats dans le Pays basque attestent de meilleurs résultats en français pour les élèves de la "division bilingue" alors que le même enseignant dispense les cours de français, mais avec un horaire deux fois plus réduit (Duverger, Maillard, 96, p.135). L'école de la rue de Tanger à Paris, avec ses classes bilingues franco-arabes (Porcher, Groux, 98, p.74), a un taux de réussite supérieur en français, " *ce qui tend à prouver que la maîtrise de la langue maternelle pour les enfants d'origine maghrébine permet l'acquisition plus rapide de la seconde langue* ". Hamers et Blanc soulignent à propos des expériences d'immersion au Canada " *que l'immersion, surtout la précoce et totale, est bien supérieure aux cours de français langue seconde ; les élèves de l'immersion atteignent un niveau de compétence surtout dans les habiletés réceptives (compréhension orale et écrite), égal à celui des francophones de naissance. Qui plus est, ces résultats linguistiques sont acquis sans que la langue maternelle ni le développement intellectuel de l'enfant en souffrent.*" (Hamers, Blanc, 83, p.320). Il est important d'exprimer des réserves du type " *sans que la langue maternelle ni le développement intellectuel de l'enfant en souffrent* " car on ne connaît pas l'investissement des familles, ni les nombreux autres paramètres. Les tests scolaires portaient sur la langue maternelle et le français (L2), des tests de connaissances apprises en français mais testées en anglais (L1), ainsi que des tests d'intelligence. Les raisons sont à chercher, d'après Hamers et Blanc (Hamers, Blanc, 83, p.320), dans la double hypothèse de **l'interdépendance** entre les langues et les seuils de Cummins (Cummins, 79). Les élèves en immersion précoce totale atteignent plus rapidement un niveau de compétences fonctionnelles en français, un certain **seuil**, leur permettant de profiter des cours disciplinaires donnés dans cette langue. Pour reprendre le cas des classes paritaires alsaciennes, le public a changé depuis leur création il y a 12 ans. Autant on pouvait compter sur un fond dialectal des enfants dans les années 90, autant les enfants sont majoritairement monolingues francophones aujourd'hui, notamment dans les villes. La méthode semi-immersive (13 h en français, 13 h en allemand) est-elle encore suffisante à l'heure actuelle, ou ne faut-il pas, au moins pour certaines phases de l'enseignement dans une année, passer à une immersion totale ? L'Education nationale n'a pour l'instant pas commandité d'enquêtes à ce sujet. Mais cela ne résout pas le problème. Les défenseurs de l'enseignement associatif réagissent, comme souvent dans le passé, plus rapidement. Petit réclame l'immersion précoce totale comme seule alternative, en refusant les "*dosages homéopathiques*" (Petit, 01a). Ainsi, la notion d'interdépendance entre les langues, permet de comprendre que de nombreux "transferts" se produisent entre deux langues, notamment entre L1 et L2. En référence à l'hypothèse de Cummins, nous croyons donc légitime d'affirmer qu'en apprenant une L2, un élève recourt à des processus cognitifs communs à la L1 et à la L2, processus que l'apprentissage de la L2 permet de développer en même temps. Les premiers à se pencher sur une relation L1-L2 étaient les linguistes Lado et Fries dans les années quarante, cinquante. Ils proposaient de comparer le système linguistique de la langue étrangère et celui de la langue 1, afin de déceler, les ressemblances et les divergences. Par exemple, l'élève qui apprend tout d'abord le processus **d'écriture** dans la L2 n'aura plus qu'à transférer ou qu'à appliquer, pour ainsi dire, ce processus à sa L1 au moment d'écrire, en procédant aux adaptations nécessaires. Le raisonnement est semblable en ce qui concerne le processus d'apprentissage de la lecture en L2, en recourant à des indices contextuels, en apprenant à deviner le sens, etc. : les savoirs procéduraux (qui sont des savoir-faire) alors acquis en L1 n'ont pas à être réappris au moment de l'apprentissage de la lecture en L2. Ils n'ont plus qu'à être appliqués à un nouvel objet, la L2. Il semble bien qu'il y ait là une économie cognitive et didactique utile. À cet égard, nous considérons que l'apprentissage de n'importe quelle langue (première, seconde, tierce) est une contribution au développement de la **"littéracie"** langagière en général.

Bénéfices pour L3 et L4 - Depuis les années soixante-dix, les chercheurs affirment également que l'apprentissage d'une seconde langue étrangère facilite celui d'une troisième langue (Porcher, Groux, 98, p.37). Il n'y a néanmoins pas beaucoup de recherches en milieu scolaire. D'après les témoignages individuels, l'acquisition d'une L3 pour les bilingues (d'une L2 pour les monolingues) s'effectue plus rapidement et plus facilement chez les sujets bilingues. Petit donne cette explication : " *le transfert positif sur la L3 s'opère non seulement à partir de la L1, mais aussi à partir de la L2. Les bilingues ont donc ainsi une avance au départ.*" (Petit, 01b, p.49). En Allemagne, des recherches ont été menées montrant que sur la base d'une L1 français, la compréhension d'une L2 ou L3 (italien ou espagnol par exemple) était possible dès le départ et l'apprentissage accéléré.[19] Le livre *EuroComRom - Les sept tamis. Savoir lire les langues romanes dès le début (*Meißner, Meissner, Klein, Stegmann, 04) sert d'ouvrage de référence pour la construction de cours de plurilinguisme roman à tous groupes d'apprenants confondus. "S*on but est de doubler le savoir déclaratif linguistique d'une compétence procédurale du type réceptif de toutes les langues romanes sur la base des*

[19] Travaux de Franz-Joseph Meißner de l'université de Gießen, http://www.uni-giessen.de/rom-didaktik/

connaissances de langues mentalement disponibles." (Meiβner, 03, p.14). Restreinte et limitée pour l'instant à un seul groupe linguistique étudié (le groupe des langues romanes par exemple), l'analyse se propose à terme d'étudier " le *potentiel transférentiel exploitable entre les grands groupes linguistiques.*" (ibid.). La réussite est telle que deux adaptations de la méthode sont en cours, une consacrée aux langues slaves, une autre à l'intercompréhension des langues germaniques. Et dès à présent, dépassant le cadre des compétences linguistiques au sens strict, on est sûr que l'enseignement bilingue est une très bonne approche de ce que l'on appelle une **éducation linguistique**. C'est à dire que des enfants habitués à vivre, à travailler en deux langues vont développer une aptitude considérable à l'acquisition d'une troisième, voire d'une quatrième langue. Car ils ont pris l'habitude, dès le début de leur pratique de la lecture et de l'écriture, de manipuler deux codes, deux langues.

3.3.2. Autres effets

Contrairement aux apprentissages linguistiques que l'on sait bien évaluer avec des méthodes somme toutes assez scolaires, les bénéfices culturels ne sont que rarement évalués. C'est davantage au cours de voyages de classes, de séjours à l'étranger (où il est difficile de faire des recherches) que l'on se préoccupe de ces questions, mais moins dans les filières bilingues institutionnelles. Nous nous y attarderons néanmoins car le sujet est d'importance. Chaque langue découpe le réel à sa manière. On peut dire qu'à chaque langue correspond une vision du monde, une façon de le penser, de le recréer par le verbe, ce qui induit très tôt chez l'enfant une notion de relativité de la description du monde par la langue. Ainsi, l'enfant monolingue français apprend qu'on dit *le soleil / la lune.* Le soleil étant alors l'élément masculin. L'enfant monolingue allemand apprend qu'on dit *die Sonne / der Mond*, le soleil étant alors l'élément féminin, chaud et la lune l'élément froid, masculin. Et un enfant bilingue franco-allemand ? Il va utiliser les déterminants corrects car il s'agit de mots fréquents surtout pour désigner le soleil, puis un jour il se posera la question de savoir pourquoi la vision bipolaire du monde est diamétralement opposée dans ce cas. S'il retrouve son identité dans chacune de ces langues, il est également capable d'accepter les différentes visions du monde que les autres langues étrangères lui apporteront. Cela fait de lui un être **pluriculturel** qui n'identifie pas le monde à une langue et peut mieux en percevoir la variété. Cela fait également de lui un être plus tolérant, plus ouvert. Cet état de fait est aujourd'hui largement accepté. Et l'on comprend mieux que des gens dont on a réprimé la langue se soient sentis niés dans leur existence et dans leur culture, et que des enfants dont on dévalorise la L1 ou la L2 risquent de ne pas devenir bilingues, mais de porter également des traces de cette non reconnaissance identitaire et culturelle. Il n'y a pas que des motivations purement utilitaristes d'une langue qui comptent dans un parcours institutionnel bilingue. Par exemple, prendre en considération des compétences dialectales est un enjeu important qu'il convient de mettre au crédit du respect culturel. C'est une voie qui existe en Alsace, mais elle est également tentée ailleurs que dans des régions à langues régionales. Cependant on n'a pas encore franchi la barrière entre "la langue noble" et la langue "autre". La vraie question est alors : Que faire de la richesse culturelle offerte à l'école par les élèves venus d'ailleurs ? Les études analysées dans (Blondin, Candelier, Edelenbos et al., 98) montrent que les enfants issus des cursus bilingues adoptent des attitudes positives en termes de représentation affective des langues (aimer ou ne pas aimer telle ou telle langue), des cultures (être ouvert aux autres), des locuteurs des différentes langues (les accepter avec leurs différences). Ces enfants sont également plus confiants en eux-mêmes et dans leurs capacités à apprendre des langues.

Bénéfices au niveau cognitif et métalinguistique : - L'enseignement bilingue permet d'accroître les capacités d'apprentissage et le développement de la vivacité intellectuelle. Il faut insister particulièrement sur ce point, qui bouleverse tout ce que l'on pensait jusqu'à maintenant. Les travaux nord-américains de (Peal, Lambert, 62) et (Genesee, 87) font apparaître une évolution des compétences cognitives des enfants bénéficiant d'un enseignement en deux langues. Les Québécois ont montré que les enfants élevés dans un environnement bilingue développent des **capacités d'abstraction et de conceptualisation** supérieures à celles des enfants élevés en milieu monolingue. Des études faites en Italie (Pinto, Taeschner, Titone, 95) montrent que les enfants ayant commencé l'apprentissage d'une langue vivante, développent une plus grande conscience métalinguistique de leur langue première que ceux du groupe témoin. Blondin et al. commentent six études (Blondin, Candelier, Edelenbos, 98) portant sur le développement métalinguistique des élèves. Quatre de ces études sont issues d'un contexte français. Les enfants bilingues sont habitués à vivre dans des situations dans lesquelles ils ne peuvent pas s'arrêter à chaque fois sur des mots inconnus ou dont le champ sémantique est différent d'une langue à l'autre. Ils sont par conséquence bien armés pour comprendre des situations linguistiques nouvelles et mettent cette agilité intellectuelle au service d'une plus grande créativité. Un enseignement bilingue bien vécu par l'enfant apporte donc des bénéfices stratégiques, linguistiques, culturels et cognitifs. Et ce, quelle que soit la deuxième langue enseignée, qu'elle soit proche du français sur le plan structurel comme dans le cas des langues romanes, ou bien fort éloignée comme le basque ou le breton : on ne rencontre aucun problème de surcharge cognitive (Lüdi, 98) : " *La capacité des enfants normaux d'apprendre des langues est pour ainsi dire illimitée. Apprendre une deuxième, une troisième, une quatrième langue ne représente, pour eux, aucune surcharge cognitive. Même des enfants moins doués peuvent devenir plurilingues et arriver à un niveau langagier égal à celui de leurs pairs unilingues dans toutes leurs langues"*. Ce qu'il faut accepter par contre, c'est que la compétence bilingue soit plus ou moins équilibrée. Nous avons détaillé ce phénomène dans la première partie.

Effets sur d'autres matières : les mathématiques. - L'expérience de l'école primaire de la Rue de Tanger à Paris, où l'objectif consiste à " *lutter contre l'échec scolaire par la valorisation de la double culture pour les enfants d'origine maghrébine* " (Porcher, Groux, 98, p.74) montre l'enjeu important de la prise en considération d'une langue moins valorisée socialement. Les effets du bilinguisme se feraient sentir par exemple en mathématiques où les élèves des classes bilingues franco-arabes ont un taux de réussite supérieur de 15%, mais aussi en français, " *ce qui tend à prouver que la maîtrise de la langue maternelle pour les enfants d'origine maghrébine permet l'acquisition plus rapide de la seconde langue*". En Alsace, la commission d'évaluation a également observé de près les effets du bilinguisme sur les autres matières et noté les bons résultats en mathématiques. Mais si " *la plus-value bilingue se fait globalement sentir dans les matières de base, il ne faut pas omettre de préciser que la corrélation établie en Alsace comme pour l'école de Tanger n'est pas une explication. Il se peut, par exemple, que l'origine socioculturelle des parents ou le simple fait d'être dans une école 'spéciale' soit une variable plus déterminante sans être étudiée.* " (Geiger-Jaillet, 99, p.163). Il faut toujours être attentif à l'impact de l'enquête sur les résultats des élèves, déjà relevé par Hamers et Blanc en 1983 (Hamers, Blanc, 83, pp.321-347), qui disent que rien que le fait de participer à une expérience suffit à augmenter la motivation d'apprendre ("effet Hawthorne").

Autres effets. - Les recherches canadiennes confirment que les " *élèves (anglophones) en immersion précoce totale obtiennent des résultats comparables à ceux des anglophones des programmes traditionnels en mathématiques et en science* ", mais soulignent des difficultés pour les autres catégories d'immersion. Une des explications donnée est celle que ces difficultés " *pourraient parvenir du fait que leur compétence en français n'était pas assez développée pour leur permettre d'acquérir la matière enseignée.* " (Hamers, Blanc, 83, p.319). Cet argument plaide pour l'immersion précoce plutôt que tardive, et l'immersion totale plutôt que partielle, car c'est par elle qu'on a le plus de chances d'arriver à un niveau seuil en L2, permettant l'acquisition de savoirs disciplinaires en L2 par la suite. De plus, le développement cognitif et intellectuel des élèves canadiens augmente plus pour les élèves en immersion, que pour ceux des écoles traditionnelles ; même les scores de créativité sont plus élevés que ceux des groupes témoin. Les données empiriques fournies par une recherche sur trois ans au Canada (Germain, Netten, 04) attestent que la réduction du temps consacré à l'apprentissage de certaines disciplines n'affecte en rien les résultats obtenus, par rapport aux résultats des années antérieures. Quant à ceux obtenus en français L2 et mesurés à l'aide de tests (une entrevue individuelle orale et une composition écrite), ils vont au-delà des prévisions des deux chercheurs. Le bilinguisme institutionnel, dans certains systèmes scolaires, a fait apparaître des " *options immersives* " (Gajo, 01, p.224) qui pourraient être encore mieux connectées avec des méthodologies ou des pratiques connexes, relevant par exemple de l'éveil aux langues. Dans certaines expérimentations d'éveil aux langues, on suscite une prise de conscience des phénomènes langagiers (que fait le bilinguisme également), en utilisant la diversité linguistique et culturelle inhérente à la classe (ce que fait moins le bilinguisme, sauf dans des systèmes de bilinguisme réciproque). Comme dans l'approche de l'éveil aux langues, on pourrait davantage partir d'un bilinguisme là où il existe déjà, plutôt que d'en construire un de toute pièce comme le font les programmes d'enrichissement. Gajo dégage les avantages réels ou supposés de la compétence bilingue et introduit pour cela le terme **d'atout bilingue** (Gajo, 01). Vu la combinaison de deux codes linguistiques, le bilingue dispose d'un espace communicatif et d'un répertoire élargi par rapport à un monolingue. Cependant, la qualité de son discours ne fait pas toujours l'unanimité, certains considérant le *code-switching* par exemple comme une impureté (Castellotti, 01). Nous avons déjà mentionné l'ouverture, la souplesse des personnes bilingues, aussi bien au niveau des représentations des langues qu'au niveau relationnel par exemple. Les dernières notions soulignées par Gajo dans son modèle de l'atout bilingue sont les avantages stratégiques, plus développés au niveau communicatif qu'acquisitionnel. La " *composante stratégique, celle qui sert à allier les déficiences des autres composantes (...) - morphosyntaxique, discursive, sociolinguistique, interactionnelle - semble souvent coiffer les autres.* " (Gajo, 98, pp.271-272). Il faut sans aucun doute rester attentif à ce que les bilingues scolaires ne cachent pas leurs imperfections au niveau des compétences linguistiques par une compétence stratégique très développée. Au-delà des effets mesurables (effets sur L1, L2, sur d'autres matières non linguistiques) et d'autres plus difficiles à évaluer dans le cadre scolaire (structuration cognitive, effets culturels), la mise en place de cursus bilingue est souvent motivée par des jugements positifs dépassant le phénomène du bilinguisme proprement dit, mais concernant la personnalité toute entière du jeune ou futur bilingue. Parmi les représentations positives les plus fréquentes, rapportées par Kielhöfer et Jonekeit (Kielhöfer, Jonekeit, 85), on trouve : "L'enfant bilingue s'intéresse aux langues et est plus doué pour les langues que l'enfant unilingue"; "L'enfant bilingue est plus tolérant et plus ouvert que l'unilingue"; "L'enfant bilingue est plus souple et s'adapte mieux à de nouvelles situations que l'unilingue". On met en avant ses qualités de décentration, tolérance, d'ouverture aux autres (Porcher, Groux, 98, p.38). Effectivement, au niveau socio-psychologique, les élèves d'immersion précoce au Canada " *s'adaptent aisément au nouvel environnement scolaire et sont plus satisfaits de leur programme que les élèves de l'immersion tardive* " (Hamers, Blanc, 83, pp.319-320). Cependant, les hypothèses autour de l'atout bilingue, si elles sont " *privées d'une dimension sociale ou contextuelle, courent le risque de généraliser à l'excès le discours sur le bilinguisme et de ne pas rendre compte de situations ressenties comme problématiques* " (Gajo, 01, p.133). Ainsi, même si les résultats du bilinguisme scolaire sont globalement positifs, on pourrait encore les améliorer grâce à d'autres méthodes. Vollmer (Vollmer, 92) déplore par exemple les déficits au niveau de la grammaire chez de jeunes Allemands en immersion partielle tardive, mais étaient-ils évalués par rapport à des monolingues de la langue-cible, ou des apprenants de langue étrangère ? On ne dispose pas non plus, à l'heure actuelle, d'études montrant l'effet à long terme de l'immersion. A-t-on la certitude que ce qui a été appris rapidement en immersion précoce totale soit aussi durablement stabilisé que si l'apprentissage s'était fait au moyen d'une autre méthode? Gajo déplore deux problèmes persistants dans les cursus scolaires bilingues, à savoir "*la **fossilisation** précoce des erreurs : l'apprentissage de la langue seconde progresse très rapidement puis semble stagner après quelques années* " et " *le **manque de sensibilité** à la variation sociolinguistique : les élèves semblent ne maîtriser qu'une variété de langue* ". (Gajo, 01, p.25). Ce sont là les limites d'un enfant scolairement bilingue par rapport à un enfant bilingue dans une famille avec deux langues en présence, car le répertoire verbal du dernier s'élargit tout au long de la vie, dans des domaines et des registres de langue divers, alors que l'élève bilingue ne dispose pas d'autant de contextes d'applications. De plus, la correction moins fréquente de ses erreurs dans une classe de trente élèves, le fait intérioriser ses fautes davantage qu'un enfant dans une famille de 4 ou 5 personnes.

CHAPITRE 4

LES RESISTANCES RENCONTREES

Après avoir passé en revue les avantages d'une éducation bilingue familiale et scolaire, on peut se demander pourquoi le type de formation bilingue n'est pas généralisé? La réponse est simple : des résistances empêchent le développement massif de ces enseignements. Ces résistances reposent, selon Lüdi (Lüdi, 98), sur trois types de craintes : la première est la crainte de surcharger les enfants, de leur demander trop tôt un effort intellectuel important. La deuxième est la crainte que l'acquisition d'une seconde langue se fasse au détriment de la maîtrise de la langue maternelle. La troisième crainte est " *celle de surcharger le système éducatif et notamment les enseignants non formés à l'enseignement des langues étrangères. Or, aucune de ces craintes n'est réellement fondée sur des arguments scientifiques.* " Lietti, devenue bilingue par l'école et de ce fait fervent défenseur d'un développement rapide du multilinguisme scolaire en Europe, tente un éclairage sur les résistances détectées. Elle ne voit " *pas d'opposition ouverte au principe même d'éducation bilingue* ", mais les " *résistances sont structurelles, politiques, syndicales, sociologiques* ", car la mise en place d'un enseignement bilingue " *suppose un bouleversement total des structures scolaires* ". Par contre s'il y a une volonté politique, " *le changement peut se faire* " (Lietti, 94, pp.44-45). Il faut donc continuer le travail d'information auprès de tous les partenaires éducatifs. C'est un des objectifs du présent ouvrage. Des résistances, en on trouve sur le terrain, mais également dans la recherche. Depuis le début des travaux sur les phénomènes liés au bilinguisme, les centres d'intérêt se sont déplacés plusieurs fois, en fonction du contexte sociétal et du moment de la recherche. Varro (Varro, 95, p.294) montre que les études effectuées en langue anglaise par rapport à celles en langue française portant sur un même objet, à savoir les " mariages intergroupes ", sont orientées différemment, en mettant par exemple l'accent sur le mariage interreligieux plutôt qu'interracial ou international. Les mariages intergroupes sont appelés aujourd'hui mariages mixtes car elles lient deux personnes linguistiquement mixtes (ne parlant pas la même langue). La recherche en matière de bilinguisme – comme toute recherche d'ailleurs – n'est pas neutre. Les premières recherches menées jusqu'en 1960 montraient surtout les conséquences négatives d'un apprentissage simultané de deux langues sur les capacités cognitives et linguistiques des enfants, le bilinguisme était presque unanimement considéré comme nocif. Il faut dire que les études étaient souvent conduites par des chercheurs nord-américains, qui " *concevaient l'uniformisation linguistique comme un élément de cimentation de l'unité nationale et comme un facteur de simplification de la gestion administrative* " (Petit, 01b, p.43). Montrer la richesse culturelle et linguistique des communautés bilingues africaines ou hispanophones sur leur territoire n'était pas non plus à l'ordre du jour. Ces premières "expériences" employaient des tests d'intelligence jugés extrêmement discutables aujourd'hui. En gros, elles " *ne mesuraient pas l'intelligence, mais une infime partie de celle-ci, celle qui est liée à la résolution de tâches dans un contexte culturel donné (en général américain) et en utilisant la langue dominante dans ce contexte (à savoir l'anglais). Par ailleurs, on ne s'efforçait nullement de contrôler la composition sociale des deux groupes, unilingues et bilingues.* " (Lüdi, 98). A la décharge des chercheurs, il faut préciser que tous les facteurs externes et internes qui entrent en ligne de compte n'étaient pas encore connus, et de fait on comparait parfois ce qui n'était pas comparable : par exemple la compétence en anglo-américain d'enfants d'ouvriers hispanophones avec celle d'enfants de cadres blancs américains, autrement dit des apprenants en L2 avec des locuteurs d'une L1. Le changement s'est opéré avec les évaluations menées au Canada sur des échantillons comparatifs d'enfants bilingues et monolingues, les enfants testés étant issus des mêmes catégories socioprofessionnelles (Peal, Lambert, 62). Dans ces évaluations, les bilingues avaient obtenu de meilleurs résultats dans des tests d'intelligence verbaux et non verbaux. Depuis environ cinquante ans, l'attitude face au bilinguisme s'est précisée dans plusieurs courants majeurs : des jugements positifs dans la littérature scientifique canadienne et belge après 1950, en passant par des jugements mitigés de la littérature américaine, cette dernière se basant en partie sur les jugements plutôt négatifs dans la littérature allemande d'avant 1950, eux-mêmes issus d'une idéologie nationale exprimée dans le slogan " *un peuple – une nation – une langue - Ein Volk, eine Nation, eine Sprache* " et issue en partie de la tradition du romantisme allemand. Certains de ces jugements subsistent en préjugés tenaces jusqu'à nos jours. L'exemple allemand est typique d'un changement d'attitude : dans les années 50 et 60, élever son enfant dans deux langues et en immersion naturelle, tant que l'enfant n'avait pas vraiment installé sa première langue et ses points de repère, n'était pas forcément bien vu par la société. Parallèlement, on a commencé à expérimenter des formules bilingues scolaires, mais du type bilinguisme tardif au-delà de 10 / 11 ans, débutant avec l'admission de l'enfant dans l'enseignement secondaire allemand et plus particulièrement dans la filière de type lycée (*Gymnasium*). On pensait ainsi écarter le danger du mélange de langues, du semilinguisme. Le premier lycée franco-allemand de type immersif partiel a ouvert ses portes en 1961 à Sarrebruck en Sarre, dans un contexte de réconciliation franco-allemande. Son enseignement se caractérisait par un apprentissage de la langue du partenaire approfondi et par l'enseignement de disciplines dans la L2, dispensé par des natifs. Les enfants germanophones et les enfants francophones étaient scolarisés dans des sections différentes, et c'est dans leur L1 respective qu'était enseignée la plupart des matières, et notamment les mathématiques. Seule la langue du partenaire et une ou deux disciplines par an étaient enseignées en langue 2. L'aspect interculturel était un domaine en friche à l'époque. Depuis quelques années seulement, une section biculturelle, destinée aux enfants de couples mixtes ou à des enfants germanophones scolarisés depuis toujours à la "Petite école française de Sarrebruck" en immersion totale, a complété les deux filières existantes. Grâce à la nature de l'établissement - un lycée franco-allemand - les résistances ont été vaincues et son succès a confirmé le bien-fondé de cette nouvelle approche. Certaines familles bilingues étaient soulagées de voir l'école prendre en charge ce qu'elles n'arrivaient à mettre en place au sein de la famille ou ce qu'elles n'osaient pas mettre en place, à savoir un projet de bilinguisme fondé sur le principe de Ronjat-Grammont, selon lequel chacun utilise sa langue maternelle. A y regarder de près, on s'aperçoit que le bilinguisme familial ou scolaire est souvent rendu responsable d'effets positifs ou négatifs qui lui sont totalement étrangers. La résistance face au bilinguisme est alors infondée, mais néanmoins bien existante. Comme nous avons déjà présenté certains de ces jugements positifs, mais rapides dans le chapitre précédent consacré aux résultats et bénéfices du bilinguisme, nous nous attarderons maintenant sur quelques objections négatives. Sans les commenter à nouveau, nous reprenons une nouvelle fois certains de ceux proposés entre autres par Kielhöfer, Jonekeit (Kielhöfer, Jonekeit, 85, pp.9-10, 82), la plupart des arguments ayant fait l'objet d'une analyse dans les premiers chapitres du présent ouvrage.

Des jugements rapides et préjugés par rapport au bilinguisme naturel/ familial, concernant la personnalité de l'enfant bilingue : " L'enfant bilingue n'apprend correctement ni l'une ni l'autre langue" ; " L'enfant bilingue est linguistiquement retardé" ; " L'enfant bilingue n'a pas de langue maternelle " ; " L'enfant bilingue n'est pas créatif au niveau de la langue " ; " L'enfant bilingue connaît des problèmes d'identité, il est déraciné, apatride ". Les jugements rapides et préjugés deviennent des problèmes médicalisés : " L'enfant bilingue bégaie souvent, il est facilement gaucher et maladroit " ; " L'enfant bilingue a une double personnalité, il a tendance à la schizophrénie ". Depuis les recherches du docteur Pichon en France qui était convaincu que le " *bilinguisme est une infériorité intellectuelle* " (Petit, 01b, p.43), les jugements se sont modifiés. Il s'est trouvé que les bilingues étudiés par de nombreux médecins " *souffraient très généralement de carences affectives dont nous savons maintenant qu'elles induisent effectivement des retards et des perturbations dans l'acquisition de la langue maternelle elle-même.* " (Petit, 01b : 43). Comme déclencheur de ces phénomènes, on mettait souvent sur le compte du bilinguisme ce qui était " *en réalité la manifestation d'un malaise psychologique perturbant le développement cognitif de l'enfant dans son ensemble.* " Depuis 1991 en France, l'orientation est différente. Une demande sociale d'enseignement bilingue, relayée par des associations, apparaît et conduit à des dispositifs dans de nombreuses régions sous forme d'immersion partielle.

D'autres jugements hâtifs et préjugés par rapport au bilinguisme scolaire sont liés aux formes et conditions d'apprentissage. Beaucoup de parents français continuent néanmoins d'avoir peur qu'un enseignement bilingue à parité horaire, c'est-à-dire avec 13 heures hebdomadaires dans une autre langue que le français, soit néfaste pour l'apprentissage du français, élément-clé de la réussite scolaire. Mais on peut les rassurer. L'*Institut Supérieur des Langues de la République Française* (I.S.L.R.F.) de Béziers a réalisé une évaluation au sujet du temps d'immersion réelle pour un enfant : en réalité, " *le temps d'exposition **à** et d'utilisation **de** la langue 2 dans les cas d'immersion précoce totale oscille entre 19 et 25% du temps total d'éveil pour un enfant de 3 à 7 ans. Dans toutes les régions de France où existent des langues régionales, le français est en effet la langue dominante dans la rue, la famille, la radio et la télévision, sous forme orale et sous forme écrite. Il est donc loin d'être réduit à la portion congrue.*" (Petit, 01a).

D'autres ont peur que *" l'apprentissage parallèle de deux langues ne surmène l'enfant* " (Kielhöfer, Jonekeit, 85, p.9), (Lüdi, 98). Il subsiste encore, chez certains parents mais aussi dans le milieu enseignant, des craintes selon lesquelles cet enseignement ne serait pas à la portée des enfants issus des milieux défavorisés. Une langue de plus ajouterait une difficulté nouvelle à leur avenir d'écolier, déjà gravement menacé par l'échec scolaire. L'enseignement bilingue crée certainement une situation plus complexe, mais on ne peut pas en déduire pour autant qu'il entraîne l'échec scolaire ou l'aggravation d'un échec scolaire déjà existant. Au contraire, s'il s'agit de bilinguisme tardif, le fait que tous les enfants débutent en même temps une nouvelle langue, met les enfants sur un pied d'égalité et peut constituer une deuxième chance. De même, l'approche contrastive et la conscience linguistique qui s'installent à travers les deux langues, peuvent rendre un enfant apprenant l'allemand, ou le catalan, meilleur en … français. Tout dépend alors des types de problèmes scolaires que l'enfant connaissait déjà avant. Le bilinguisme précoce ne constitue nullement un risque en soi. " *Ceci est vrai même pour les couches les plus défavorisées de la société. Mais il faut prendre des mesures appropriées pour éviter les désavantages nommés. Une fois qu'on a compris que les résultats insatisfaisants d'enfants de minorités linguistiques, immigrées ou non, ne sont pas dus à leur bilinguisme, on peut, en effet, commencer à les analyser et à trouver des contre-mesures.* " (Lüdi, 98). Lüdi fait d'ailleurs quelques suggestions de "contre-mesures" dans le cas de défaillances en langue d'accueil ou en langue d'origine, ou de manque de motivation et / ou de suivi suffisants afin de réussir sa scolarité. Le dernier argument avancé contre le bilinguisme reflète un sentiment d'injustice et de jalousie des monolingues par rapport aux bilingues, que l'on entend par exemple lors de réunions de parents de classes bilingues : " Pour le bilingue de naissance, ça va tout seul, pour l'enfant devenu bilingue scolairement, c'est beaucoup de travail ". Le lecteur aura l'occasion d'apprécier la part considérable de travail et de stratégies nécessaires pour qu'un enfant bilingue de naissance devienne et reste bilingue, dire qu'il est "naturellement bilingue" est presque un euphémisme.

Les préjugés des enseignants liés au bi- ou plurilinguisme. Les représentations des enseignants sur le bilinguisme sont tenaces : la plupart pense que les autres langues parlées à la maison constituent un frein à l'apprentissage du français. Les travaux sur le bilinguisme des migrants montrent au contraire que mieux l'élève possède sa langue maternelle, mieux il maîtrisera sa deuxième langue (Cummins, 87). Les oppositions à l'éducation bilingue encore rencontrées dans les milieux scolaires proviennent probablement de ce que les enseignants actuels ont souvent été formés dans l'idée d'un bilinguisme nocif. Les centres de formation d'enseignants ou écoles normales ont surtout mis en garde les futurs enseignants contre les effets négatifs de la pratique d'une langue régionale ou d'un dialecte pour en conseiller l'interdiction à l'école. La soi-disante nocivité du bilinguisme s'est donc propagée davantage dans les régions concernées par une langue régionale ou par une immigration. La prégnance de ce concept du bilinguisme, pourtant remis en cause depuis les années soixante, est encore bien enracinée et explique les réticences des enseignants par face à l'introduction massive des langues dans le système scolaire. Cette appréhension va actuellement largement à contre-courant des évaluations faites, au Canada, dans d'autres régions pratiquant un bilinguisme institutionnel (Val d'Aoste, Catalogne, Pays basque...), mais aussi au sein de l'Académie de Strasbourg. Même si toutes ces évaluations ont montré que non seulement l'enfant ne pâtissait pas d'un enseignement dans deux langues placées à égalité, mais qu'il en tirait bénéfice, un enseignant a néanmoins tendance à reproduire le modèle selon lequel il a été formé. Effectuer des changements nécessite plus qu'une seule génération d'enseignants. Depuis toujours, le bilinguisme a été en vogue dans les classes sociales favorisées qui scolarisaient leurs enfants dans des établissements bilingues et employaient du personnel de maison ou des précepteurs d'une autre langue. Toutes les cours d'Europe ont toujours parlé plusieurs langues et la compétence plurilingue y était, sinon la norme, du moins fortement valorisée, ce qui montre que le monolinguisme, prôné par l'école de Jules Ferry, s'ancrait dans une logique autre que linguistique. L'idée de nation et celle d'école de la République se cristallisaient autour de la notion d'une langue unique. Tolérer les différentes minorités culturelles régionales, en leur permettant de parler leurs langues, allait à l'encontre du projet d'unification culturelle et de la notion d'identité nationale (Groux, 1996, p.48) telle qu'elle s'exprimait à l'époque. Par conséquent, il fallait que tout le monde parle et pense en français. Ceci explique que le " *bilinguisme n'a jamais joui d'une bonne presse en France* " (Deprez, 94, p.20), contrairement à l'image positive qu'en ont les personnes parlant plusieurs langues dans des pays africains, comme le Sénégal. En effet, l'éradication des langues régionales en France, nécessitait de s'appuyer sur des arguments forts : apprendre en deux langues pouvait rendre idiot, on risquait de mélanger les deux langues ou de devenir dyslexique. Mais surtout le bilinguisme empêchait de bien parler le français. Bref, apprendre en deux langues rendait "a-normaux" les gens. Arguments fallacieux: en fait, sur la base de ce que nous affirmions dans les précédents chapitres, c'est tout le contraire qui se passe. La clause "*La langue de la République est le français*" ne fut introduite dans la Constitution française qu'en 1992, dans l'intention d'endiguer l'hégémonie grandissante de l'anglais. Mais de fait, cet article 2 de la Constitution a eu des conséquences sur les voies / filières scolaires bilingues mises en place. Au sein de l'Education nationale, l'immersion totale en L2 a été proscrite, et seule l'immersion partielle paritaire tolérée. On n'a pas analysé scientifiquement la supériorité de tel ou tel dispositif bilingue, mais l'Etat français imposait par cet article que dans les écoles françaises, les cours devaient être assurés pendant au moins la moitié du temps scolaire en français. Exiger une immersion plus importante en volume horaire est cependant possible en France (écoles *Diwan* en Bretagne par exemple), mais pas dans le cadre de l'Education nationale. Cette " *attitude de frilosité par rapport à un enseignement efficace des langues étrangères naît du sentiment irrationnel de menace en direction du français, qui a mobilisé tant de défenseurs pendant des siècles.* " (Groux, 96, p.49).

Préjugés liés à la résistance de l'administration scolaire quant à la mise en place de formations : Robin, Président de *Unvaniezh ar Gelennerien Brezho* (Union des Enseignants de Breton) avait recensé, dans un texte sur Internet en 1999 [20], le refus de l'administration scolaire de recruter et de former des enseignants en langues minoritaires. Nous rappelons quelques-uns de ses arguments en les mettant en perspective avec les évolutions que nous connaissons depuis 10 ans, particulièrement dans le domaine du recrutement. Encore aujourd'hui, on tente parfois de faire croire dans les inspections académiques qu'il n'y a " pas assez de demandes parentales " pour l'ouverture de nouvelles classes. Tout dépend cependant de l'information des parents faite au bon moment, puisqu'ils doivent décider de la scolarité de leur enfant alors que celui-ci a tout juste deux ans, pour rentrer en classe bilingue paritaire à trois ans par exemple. Les regroupements scolaires pour constituer des classes bilingues en zone rurale posent évidemment un problème pour des enfants de maternelle. Certains avancent que les " postes coûtent cher ". La réponse doit se faire en deux temps. Pendant de nombreuses années, des vacataires ont fait cours notamment dans les dispositifs bilingues, en n'étant pas titulaires de leur poste et de fait en situation

---

20 http://www.flarep.com/flarep/colloques/colloque_13/RECRUTEMENT-FORMATION.htm

d'emploi précaire. Il y avait alors surcoût. Il n'y en a plus lorsque l'Education nationale arrive à former ses propres enseignants bilingues. A l'heure actuelle, le bilinguisme a un léger surcoût dans le domaine de la formation et de la production du matériel pédagogique, mais les enseignants pour le bilingue du premier degré sont recrutés par un concours spécifique (C.E.R.P.E.). Basé sur les mêmes épreuves en français et mathématiques que les futurs professeurs des écoles non bilingues (18 coefficients sur 23), leur recrutement et leur formation sont aussi valables et dignes que ceux des autres concours. Ils ne sont donc ni recrutés " au rabais ", ni leur recrutement en bilingue ne saurait être considéré comme " un moyen détourné d'entrer dans la carrière unilingue "[21], au contraire, ils rajoutent une difficulté supplémentaire qui est celle de la langue régionale à enseigner. Il est d'ailleurs question d'exiger un engagement minimum de cinq ans d'exercice en classe bilingue après un recrutement par voie spécifique. Le statut ainsi que le salaire d'un professeur des écoles recruté par le C.E.R.P.E. spécial sont les mêmes que ceux d'un professeur des écoles recruté par le concours habituel. Encore moins aujourd'hui qu'il y a dix ans, on ne peut affirmer qu'un recrutement spécifique " irait à l'encontre de la polyvalence du métier de professeur des écoles ", car un professeur des écoles bilingue n'est pas *moins*, mais *plus* polyvalent qu'un autre : il est, comme ses collègues, formé à enseigner toutes les disciplines de l'école primaire, plus une : le breton ou l'occitan ou le catalan, etc. Il est à même d'utiliser deux langues véhiculaires dans son enseignement. D'ailleurs les étudiants et stagiaires de langue régionale des I.U.F.M. sont titulaires de tous types de licences, y compris scientifiques. De plus, une langue vivante fait partie des disciplines à enseigner à l'école. Ce n'est donc plus qu'une question de dosage. De fait, un recrutement en voie régionale (bilingue) ne constitue nullement " une inégalité à l'égard des candidats monolingues ". Au contraire, l'article 1 de la Constitution qui pose en principe l'égalité des

---

[21] L'admissibilité des professeurs des écoles de la voie régionale dans l'académie de Strasbourg s'est faite en 2003 sur des moyennes de notes supérieures à 9,5 sur 20.

citoyens, pourrait servir d'argument aux familles pour réclamer un enseignement bilingue pour tous les élèves scolarisés en France, et non seulement pour les 5 à 20% que leurs parents ont inscrits dans ces dispositifs. Lors de l'introduction de l'enseignement bilingue dans les écoles publiques du Pays basque français dans les années quatre-vingts, un des principaux freins qu'avait identifié l'inspectrice honoraire de l'E.N., Leralu, était la " *rigidité de la gestion administrative* " ainsi que la " *longue tradition de centralisme et d'unification linguistique du système éducatif français* " (Leralu, 93, pp.331-334). Les deux autres points soulignés comme obstacles internes étaient " *la résistance du corps enseignant lui-même, attaché à des modes de fonctionnement qu'il ne souhaite pas remettre en cause* " et " *le silence total et l'indifférence des instances institutionnelles de formation des enseignants* ". Comme difficultés externes, elle avait identifié les préjugés liés au bilinguisme en général et à la langue basque en particulier, car il s'agit d'une " *langue de faible diffusion et de faible 'poids économique'* ", d'une " *langue associée au monde rural* " et d'une " *langue symbole de revendication violente* ".

Préjugés liés à une langue donnée : Certains préjugés sont liés spécifiquement aux langues régionales ou dialectes qui n'ont pas de normes standardisées dans l'enseignement scolaire. Car si " *les dialectes sont essentiellement des variétés linguistiques orales, non normées et non codifiées, dont aucune instance ne réglemente le 'bon usage'* ", cela " *ne signifie pas que les dialectes, en tant que langues orales, n'ont pas de normes.* " (Huck, Laugel, Laugner, 99, p.21). Cependant, celles-ci sont plus difficiles à transmettre lors d'un enseignement structuré, en formation des maîtres à l'I.U.F.M. par exemple. On ne peut pas simplement opposer langue écrite et normée (l'allemand par exemple) à langue orale et non normée (l'alsacien par exemple). Les dialectes sont aussi soumis à des normes, mais des normes sociales d'usage, alors que les langues standards sont, comme langues écrites, " *soumises à des règles assez contraignantes, régies par les grammaires et les dictionnaires, c'est-à-dire par des normes imposées de l'extérieur* ". Dans des situations officielles ou publiques, les règles appliquées à ces langues parlées sont assez semblables de celles de la langue écrite, mais dans des contextes d'oral au quotidien, " *la langue se crée beaucoup plus d'espace de liberté.* " C'est d'ailleurs également vrai pour le français standard. En ce qui concerne l'allemand, des " *usages issus des dialectes ont été adoptés dans l'allemand parlé au quotidien, et tout particulièrement dans le sud de l'espace de langue allemande* " (Huck, Laugel, Laugner, 99, p.22). Cette liberté constitue un handicap lors des échanges par exemple, quand les enfants francophones apprenant le haut allemand découvrent que, dans le Pays de Bade, les enfants ne parlent pas le même allemand entre eux. La variété orale employée par ces enfants, surtout en début d'école primaire, ne correspond pas à la langue standard basée sur l'écrit qu'on enseigne aux petits Français. Cela peut devenir une source de conflit, voir de dévalorisation de l'autre, car on pourrait lui reprocher de ne " même pas savoir sa propre langue ", ou de " faire exprès " de parler en dialecte, une sorte de langue secrète, pour que les autres ne comprennent pas. C'est parfois ce qui est ressenti au Tyrol du Sud où la communauté germanophone parle une variété orale austro-bavaroise, alors que les italophones apprennent l'allemand standard à l'école. Les derniers ont alors parfois l'impression d'être face à deux langues différentes et il est difficile de leur faire développer une attitude positive face au dialecte.

PARTIE 2

L'OFFRE DES LANGUES EN FRANCE

CHAPITRE 1

LES LANGUES VIVANTES A L'ECOLE PRIMAIRE

1.1. Historique et état des lieux

Les langues vivantes étrangères sont devenues des valeurs sociales et économiques sûres. Depuis quelques années, face aux résultats médiocres de l'enseignement scolaires des L.V., différents pays ont cherché à mettre en place des solutions à plus long terme. C'est ainsi que des enfants ont pu profiter d'une initiation à une première langue vivante pendant ou même avant leur scolarisation obligatoire (Garabédian, 91), (Blondin, Candelier et al. 98). En France comme ailleurs, les langues vivantes étrangères sont un facteur important de réussite dans la vie professionnelle et privée. Les Français commencent à réagir contre le préjugé selon lequel ils seraient de mauvais apprenants de langues. Ce sont surtout les parents et les associations qui ont poussé les différents gouvernements à introduire les mesures qui s'imposent. Dans le domaine de l'enseignement bilingue, les associations de parents d'élèves et les écoles privées ont parfois réussi à installer des écoles bilingues dans un département plusieurs années avant celles implantées par l'Education nationale. Nous traiterons dans un premier temps des dispositifs nationaux français pour l'enseignement des langues à l'école primaire qui prévoit un enseignement d'une à trois heures hebdomadaires d'enseignement en L.V. En Alsace, cette voie, généralisée à l'ensemble du territoire alsacien, est appelée 'voie extensive', pour la distinguer de la 'voie intensive' qui est celle de l'enseignement paritaire. La connaissance de ces dispositifs et de quelques éléments statistiques permet de mieux comprendre pourquoi une région comme l'Alsace a mis en place un système éducatif bilingue continu de la maternelle jusqu'au baccalauréat. En France, seulement 71% des classes élémentaires, tous niveaux confondus, bénéficiaient de cet enseignement en 1999-2000. Deux ans après, en 2001-2002, dans 94% des classes publiques accueillant des élèves dans les deux niveaux de cours moyen, des cours de langues étaient assurés

(Source : *éduscol*). A l'heure actuelle, l'enseignement des langues étrangères en France risque d'être réduit à la seule langue anglaise ou américaine. En collège, près de neuf élèves sur dix pratiquent l'anglais et trois quarts des élèves en cours moyen. S'il y a un reste de diversification des langues, on ne peut la trouver qu'à l'école primaire. Les parcours des élèves doivent viser à la maîtrise d'au moins deux langues vivantes à l'issue de leur scolarité.

TABLEAU 1 Répartition des langues enseignées[22] en cours moyen en 2001-02, par Académie (secteur public)

	allemand	anglais	arabe	espagnol	italien	portugais	autres	L. régionales
Aix- Mars.	6,4	90,2	-	0,9	1,5	0,04	-	1,0
Amiens	17,9	81,9	-	0,1	-	0,05	-	-
Besançon	23,5	76,0	-	0,5	-	-	-	-
Bordeaux	4,5	75,9	-	8,1	0,03	0,2	0,05	11,2
Caen	5,4	94,6	-	-	-	-	-	-
Cl.-Ferrand	14,7	82,5	-	0,6	0,2	-	-	2,0
Corse	0,2	41,7	0,6	0,2	8,0	-	-	49,3
Créteil	24,4	73,1	-	1,2	1,0	0,3	0,03	-
Dijon	18,7	81,2	-	-	0,1	-	-	-
Grenoble	6,7	87,0	0,04	0,2	5,9	0,1	-	-
Lille	22,5	74,8	0,04	0,3	0,1	0,3	2,0	-
Limoges	5,0	95,0	-	-	-	-	-	-
Lyon	15,4	76,9	-	3,0	4,4	0,3	-	-
Montpellier	11,3	77,6	0,3	8,9	0,2	-	-	1,7
Nancy-Metz	47,3	51,5	-	0,2	0,9	-	0,1	-

[22] Les tirets (-) signifient que la langue vivante concernée n'est pas enseignée en cours moyen dans l'académie correspondante. Source: *Enquête DESCO auprès des inspections académiques* (déc. 2001), Internet, http://www.eduscol.education.fr consulté le 15 juillet 2003.

Nantes	14,7	84,8	0,1	0,3	-	-	0,1	-
Nice	7,1	82,8	-	1,0	8,3	-	-	0,8-
Orléans.-Tours	11,9	87,3	-	0,8	-	-	-	-
Paris	21,6	67,4	1,2	2,2	5,5	2,1	-	-
Poitiers	4,2	95,6	-	0,2	-	-	-	-
Reims	21,2	78,8	-	0,03	-	-	-	-
Rennes	10,0	86,5	-	0,05	-	-	-	3,4
Rouen	8,8	91,1	-	0,1	-	-	0,05	-
Strasbourg	95,4	4,4	-	-	-	0,2	-	-
Toulouse	4,8	77,9	-	15,8	0,04	-	-	1,5
Versailles	22,7	76,9	-	0,2	0,04	0,04	0,1	-
France Métr.	19,1	76,0	0,05	1,9	1,1	0,1	0,2	1,5

L'enseignement de l'allemand dans l'Académie de Strasbourg n'apparaît pas comme "langue régionale" au premier degré (dernière colonne du tableau), pour la raison bien simple que les statistiques ne peuvent être reportées dans une seule colonne (L.V.1 première colonne, ou bien langue régionale, dernière colonne). Pour le Ministère, c'est seulement par la publication du *Programme transitoire d'enseignement des langues étrangères ou régionales au cycle des approfondissements de l'école primaire* (B.O. hors-série n°2 du 19 juin 2003) que l'allemand est désigné explicitement comme "langue de référence des dialectes". En Alsace, il s'agit de dialectes alémaniques et franciques, mais c'est bien la langue standard allemande qui est enseignée à l'école. Depuis les nouveaux programmes de juin 2003, les deux variétés dialecte et langue standard figurent à parité, c'est une nouveauté : il est recommandé désormais d'aller du dialecte à l'allemand pour les dialectophones, ou de revenir de l'allemand enseigné, au dialecte et à une sensibilisation aux variétés dialectales. Depuis environ 50 ans, la France propose timidement des langues vivantes étrangères dès l'école primaire. Toutes les approches ont déjà été testées, portant la signature de ceux qui les avaient mises en place (Groux, 96, p.113), par exemple *" l'éveil aux langues ; la sensibilisation à une langue vivante étrangère ; l'initiation ; l'enseignement précoce; l'apprentissage d'une langue",...* L'organisation concrète, l'enseignant chargé de ces heures, le volume horaire, l'objectif et la méthode utilisée ont été changés dans chacune des conceptions. Pendant plusieurs décennies, c'est le programme E.P.L.V. *(enseignement précoce des langues vivantes*), dont l'apogée se situait dans les années 1961-1974 (Groux, 96, pp.130-131), qui a été en application avant de disparaître puis de renaître de ses cendres dans les années 80. Les années 1974-88 sont les années de déclin des langues dans l'enseignement public. En revanche, l'apparition des *Mini-School* et des écoles associatives ont contribué au développement des langues vivantes dans le secteur privé. Comme elles ont davantage besoin de communiquer en langue étrangère avec les voisins, ce sont souvent les zones frontalières de l'hexagone qui tentent de mettre en place très tôt les langues dans le cursus scolaire des enfants. A l'image de l'Alsace, elles sont encore aujourd'hui souvent les précurseurs dans ce domaine.

En 1989, le Ministère inscrit, dans un programme pluriannuel, la généralisation d'une langue vivante étrangère dès le C.M., puis en 1995 pour le C.E.1. Ce programme s'appelle E.I.L.E. (*enseignement d'initiation aux langues étrangères*). Il favorise les stratégies d'apprentissage par rapport à l'introduction ludique, mais reste néanmoins trop flou et surtout pas assez ambitieux en terme d'objectifs. Apprendre les langues au primaire sert surtout à préparer les langues au collège, pense-t-on à l'époque. Depuis 1995, les cassettes vidéo *Sans Frontières* à l'initiative du Ministère permettent l'enseignement de l'allemand et de l'anglais, mais également de l'arabe, de l'italien ou du portugais via l'apprentissage précoce, dans le cadre des langues régionales ou des langues et cultures d'origine. Mais il est indéniable qu'une méthode, même audiovisuelle, ne remplacera jamais un enseignant de langues formé. Le quart d'heure quotidien prévu à partir du C.E.1 dans le cadre de l'I.L.V. (*Initiation aux langues vivantes*) et son parti pris d'utiliser l'audiovisuel ne fait pas non plus l'unanimité. En effet, les stratégies d'acquisition ne se déclenchent et ne se déploient de façon optimale qu'à partir d'un seuil important d'exposition et d'utilisation **à** et **de** la langue-cible. " *Les dosages homéopathiques, tels qu'ils sont en usage dans l'enseignement* *traditionnel des langues étrangères, n'aboutissent qu'à faire patiner la courroie de la dynamique acquisitionnelle* ", juge Petit (Petit, 01a). L'approche plurilingue proposée entre autres dans des concepts comme EVLANG (1997-2001) par Candelier (Candelier, 98) n'a pas été retenue au sein de l'Education nationale, car le Ministère a privilégié la mise en place d'un apprentissage précoce d'une seule langue, de préférence à une sensibilisation précoce à plusieurs langues. Cependant, dans le cadre de la recherche-innovation EVLANG, plus d'une trentaine de supports didactiques d'éveil aux langues ont été produits. Ces supports didactiques forment un cursus d'une année et demie et ont été testés dans des classes de 3ème, 4ème et 5ème primaires des pays partenaires (Suisse, France, Italie, Espagne, Autriche). Ils proposent tous une approche globale des phénomènes langagiers et font appel à plusieurs langues (dont certaines qui ne sont pas présentes dans le cursus scolaire habituel, et d'autres qui peuvent être les langues maternelles de certains élèves). " *Le choix est le plus vaste possible afin de faire prendre conscience aux élèves de la grande diversité des langues existant dans leur environnement proche et dans le monde. La prise de conscience de cette diversité permet également de prendre plus facilement conscience des particularités de chacune des langues et, a fortiori, de mieux comprendre les structures des langues que l'élève connaît et / ou aura à apprendre (français, langue(s) d'origine, langue(s) étrangère(s)).* " [23] Pourtant, dès 1975, Dabène avait proposé le concept d'une " didactique des langues proches " à partir du couple français-espagnol, en prévoyant par sa méthode l'apprentissage simultané de plusieurs langues romanes pour des romanophones (Dabène, 75). Par après, l'équipe grenobloise a développé *EuRom4* et *GALATEA* (Dabène, 92) sous forme d'un cours d'apprentissage des langues romanes basé sur l'intercompréhension de ces langues, au moyen d'un cédérom. Depuis, les approches se sont diversifiées avec *Euro-ComRom* (langues romanes), *Euro-ComGerm* (langues germaniques), *Euro-ComSlav* (langues slaves) et *Eurocom-Didact*

[23] http://www.unige.ch/fapse/SSE/teachers/perregau/rech_socrates.htm

(Meiβner, Reinfried, 98)[24] incluant une part importante de recherche sur les processus mentaux ayant trait au plurilinguisme. Depuis 1999 existent des référentiels pour six langues, une sorte de programme pour un enseignement des langues à l'école primaire dispensé à raison d'au moins 90 minutes hebdomadaires. L'arrêté du 25 janvier 2002 (J.O. du 10 février 2002) publie horaires et programmes généraux de langue pour toutes les classes (cycle 2 et cycle 3). Les programmes d'enseignement des langues vivantes étrangères ou régionales à l'école primaire (langues régionales d'Alsace et des pays mosellans, basque, breton, corse, occitan - langues d'oc) sont eux publiés dans un Bulletin officiel (B.O., hors série n° 2 du 19 juin 2003). En ce qui concerne l'Alsace et la Moselle, on y précise que " *La langue régionale existe en Alsace et en Moselle sous deux formes, les dialectes alémaniques et franciques parlés en Alsace et en Moselle, dialectes de l'allemand, d'une part, l'allemand standard, d'autre part.*" Ces programmes présentent les objectifs linguistiques (objectifs notionnels-fonctionnels, morphosyntaxiques, lexique) et les objectifs culturels langue par langue en référence aux objectifs généraux applicables à toutes les langues et déjà publiés. Des compléments ont été publiés pour chaque langue européenne concernée (allemand, anglais, espagnol, italien, portugais…) pour donner une documentation pédagogique. Mais des intentions aux réalités de terrains, il est nécessaire de passer par le recrutement d'intervenants comme y invitent les textes du Ministère. " *Si, à terme, l'enseignement des langues doit être pris en charge par la majorité des enseignants du premier degré, toutes les autres ressources en intervenants qualifiés sont mobilisées pendant la période de généralisation progressive, qu'il s'agisse d'enseignants du second degré, d'assistants de langues vivantes ou d'intervenants extérieurs*"[25]. L'affectation en I.U.F.M. d'assistants de langues vivantes (261 postes à la rentrée scolaire 2002) contribue à l'amélioration des compétences linguistiques des professeurs des écoles stagiaires. Le

---

[24] Projet Eurocom-Didact http://www.unigiessen.de/~gb1041/institut /personen/meissner/msd/euroddct.htm, consulté le 20/10/2004.

[25] http://www.eduscol.education.fr/D0070/intervenants.htm

nombre d'intervenants extérieurs, recrutés localement par les collectivités locales ou les inspections académiques, est en régression. En effet, en 2000-2001, plus de 54% des instituteurs et professeurs des écoles étaient en mesure d'assurer une à trois heures hebdomadaires (Source : *éduscol*). Le temps des vacataires et contractuels sera bientôt révolu, leurs conditions d'emploi ayant déjà été modifiées depuis la rentrée scolaire 2001. Il faut néanmoins constater une grande variété d'intervenants dans les cours de langue (voie extensive) en France. A côté des enseignants titulaires de la classe ou de leurs collègues en échange de service, on trouve des enseignants du second degré, des assistants de langues vivantes, des intervenants de langue recrutés par les inspections académiques, des intervenants extérieurs des collectivités locales. Cette diversité pose le problème de la formation de tous ces enseignants. Dans l'enseignement bilingue, il y a généralement moins de catégories de personnel pour la partie langue seconde. Dans le cas le plus fréquent, c'est à l'enseignant de gérer son temps prévu pour les langues, en proposant par exemple plusieurs fois un quart d'heure de leçon ou en regroupant des moments plus longs dans la semaine. Depuis quelques années, les jeunes enseignants-stagiaires des I.U.F.M. sont formés en langue et didactique. Pour l'instant, tous les jeunes formés en I.U.F.M. ne sont pas encore formellement obligés d'enseigner cette langue à la sortie, mais des mesures comme l'habilitation en langue ou les formations de dominante dans les I.U.F.M. vont clairement dans le sens d'une nouvelle discipline scolaire à assurer par tout maître polyvalent de premier degré. Car l'enseignement d'une langue vivante, devenue une discipline d'enseignement comme une autre, figure dans les programmes officiels. Des échanges de services ou des postes à profil sont proposés, lorsque l'enseignant de la classe ne maîtrise pas la langue. A partir de la circulaire du 18 octobre 2001, portant sur le recrutement et l'intervention de compétences extérieures, et à " *titre subsidiaire, et pour une période transitoire qui ne devrait pas excéder cinq ans* ", les inspecteurs d'académie, directeurs des services départementaux de l'éducation nationale peuvent recruter des intervenants pour l'enseignement des langues à l'école primaire afin "*que la cohérence des apprentissages soit assurée, l'enseignant responsable de la classe assure la coordination de son action avec celle de l'intervenant pour l'enseignement des langues (...). L'enseignant participe à la séance de langue, quand il n'assume pas un autre enseignement au même moment.* " (B.O. n°39 du 25 octobre 2001).

A partir de 2005, le certificat C.L.E.S du niveau 2 ou le diplôme de compétence en langue D.C.L. [26] niveau 3 seront exigés pour l'entrée à l'I.U.F.M., mais l'implantation des épreuves du C.L.E.S. dans les universités n'est pour l'instant pas encore généralisée, faute de textes complémentaires, non encore publiés. En vue de ce changement, un calendrier national des sessions d'examens a néanmoins été publié (B.O., n°15 du 10 avril 2003). En France, on a généralisé les langues vivantes en primaire à partir du cours moyen, puis au fur et à mesure que des enseignants ou intervenants supplémentaires étaient disponibles, on a abaissé l'âge des enfants concernés : la généralisation de l'enseignement d'une langue vivante débutera en principe en grande section de maternelle à la rentrée 2005, les langues devenant ainsi une discipline obligatoire. La mise en place de nouveaux horaires et programmes de langue (Arrêté du 28-6-2002. B.O. du 6 juillet 2002), ainsi que des programmes transitoires, est destinée à accompagner et soutenir le développement des langues dès l'école élémentaire. Jusqu'à la rentrée 2005, l'enseignement des langues vivantes n'est obligatoire à l'école primaire qu'au cycle des approfondissements (C.E.2, C.M.1 et C.M.2). D'ici là, un programme transitoire (B.O., arrêté du 28 juin 2002, p.6-7) s'applique pour les élèves n'ayant pas bénéficié d'un enseignement au cycle précédent. À partir de la rentrée 2005 pour le cycle des apprentissages fondamentaux et de la rentrée 2008 pour le cycle des approfondissements, le programme arrêté le 25 janvier 2002 s'appliquera à toutes les classes (B.O. hors-série n°1 du 14 février 2002, cycle 2 : p.57-58, cycle 3 : p.76-78).

[26] C.L.E.S. = certificat de compétence en langues pour l'enseignement supérieur ; DCL = diplôme de compétence en langue.

A partir de 2008, la généralisation aura gagné toute l'école élémentaire. Tout enfant entrant au C.P. pratiquera déjà une langue vivante, que ce soit en voie extensive 1 à 3 heures par semaine, en langue d'origine ou langue régionale. C'est l'aboutissement du projet de Jack Lang. Plus ambitieux à l'origine, puisqu'il envisageait la généralisation du programme de langues entre 2002 et 2005 à toute l'école élémentaire, depuis la grande section de maternelle à la fin du C.M.2, le projet a dû composer avec les "réticences du corps enseignant". La généralisation, revue selon un nouveau calendrier, tient compte de la formation initiale et continuée. La nouvelle réforme, par arrêtés du 25 janvier 2002 (B.O. spécial du 14 février 2002), accorde une place à la diversification des langues enseignées et témoigne une reconnaissance des cultures et langues régionales de la France, car " *les langues régionales seront intégrées à l'ensemble des langues dont l'étude est proposée dans chaque site* ". La circulaire n°2001-051 du 21 mars 2001 ajoute que l'anglais n'a pas perdu pour autant puisque: " *Pour les élèves qui n'auront pas commencé l'étude de l'anglais à l'école primaire, cet enseignement sera dès que possible offert en langue vivante 2 dès la classe de 6ème.* " (B.O., n°13 du 29 mars 2001).

Une telle disposition rassure les parents et les encourage à choisir la formule trilingue pour leur enfant. Une première langue étrangère ou régionale est désormais obligatoire là où son enseignement est proposé en primaire, l'enseignement des langues vivantes étant inscrit dans les nouveaux programmes de l'école primaire. Mieux encore, on atteste explicitement les bienfaits de l'enseignement d'une L2 pour une L1 : " *Par-delà les compétences spécifiques qu'il permet de construire, l'enseignement précoce d'une langue autre que la langue nationale est de nature à enrichir l'enseignement même du français. Il constitue également un point d'appui naturel pour une ouverture sur le monde extérieur. Il est en effet indispensable, même si les objectifs de communication restent essentiels, de développer l'intérêt pour des réalités culturelles différentes. Ainsi, l'intégration d'une langue vivante à l'école primaire constitue-t-elle bien plus que l'ajout d'une discipline supplémentaire. L'élaboration d'une "***carte des langues***", pour allier diversification linguistique et continuité des* *apprentissages, sera pensée à l'échelle de bassins ou de territoires pertinents pour la suite des études des élèves.* " (B.O., n°13, 29 mars 2001). A partir de 2005, tous les élèves de 6ème apprendront deux langues, l'une commencée à l'école primaire, l'autre au collège. " *Il reviendra donc à l'école primaire tout au long du cycle II et du cycle III de doter les élèves de capacités de communication dans une langue autre que la langue nationale* " (ibid.). A long terme, l'enfant pratiquera depuis la grande section jusqu'au C.M.2, c'est-à-dire pendant six ans, une L2, puis commencera une L3 en collège. Le *Plan en faveur du renforcement et de la diversification de l'enseignement des langues* prévoit en outre l'obligation de l'apprentissage de deux langues vivantes pendant l'ensemble du parcours scolaire, obligation qui s'est concrétisée par des épreuves dans deux langues au baccalauréat pour toutes les séries d'enseignement général, et qui prendra appui sur l'enseignement d'une seconde langue vivante en classe de sixième à partir de 2005. A noter que l'accent sera par ailleurs mis sur l'ouverture culturelle, qui doit accompagner l'apprentissage linguistique.

Toutes ces mesures constituent un plan de grande envergure dont la mise en place devrait prendre plusieurs années selon un calendrier précis. L'enquête ci-après, réalisée auprès des inspections académiques au cours des trois dernières années scolaires, a permis de constater une importante progression de la couverture des classes de cours moyen, premières bénéficiaires des mesures gouvernementales. En effet, si 71% de ces classes bénéficiaient de cet enseignement en 1999 / 2000, tous niveaux confondus, ce sont 94% des classes accueillant des élèves de C.M. qui ont été couvertes dans le secteur public en 2001 / 2002. En décembre 2001, seules les académies de Limoges, Strasbourg, Guadeloupe et La Réunion avaient atteint un taux de couverture de 100% en cours moyen alors que pour les C.M.1 homogènes et les cours doubles C.E.2 / C.M.1, ce taux descend à seulement 70,6 % dans l'académie de Versailles qui accuse le plus grand retard. On constate des différences importantes entre les académies en France.

TABLEAU 2 : Couverture des classes de cours moyen en 2001 / 2002, répartition par académie (Desco, 01a)

Académies	C.M.2 et C.M.2/ C.M.1	C.M.1 et C.E.2/ C.M.1	Cours multiples y compris C.M.	Total
Aix- Mars.	91,8	86,7	86,5	89,4
Amiens	99,6	94,7	94,2	97,1
Besançon	99,9	93,1	95,7	97,0
Bordeaux	99,4	98,7	97,2	98,9
Caen	100	94,8	98,1	98,0
Cler.-Ferrand	99,2	95,9	99,6	98,4
Corse	98,6	99,0	83,0	94,4
Créteil	89,4	72,4	76,7	81,6
Dijon	99,7	99,1	95,1	98,7
Grenoble	98,0	91,6	85,4	93,7
Lille	100	97,9	98,5	99,1
Limoges	100	100	100	100
Lyon	94,1	85,0	56,8	86,2
Montpellier	99,3	88,8	95,3	95,0
Nancy-Metz	98,7	93,0	89,1	95,4
Nantes	100	98,0	100	99,3
Nice	98,1	98,6	98,2	98,3
Orlé. -Tours	99,9	99,4	98,1	99,5
Paris	96,0	95,7	-	95,9
Poitiers	91,9	87,9	98,8	91,5
Reims	99,0	96,6	95,5	97,5
Rennes	100	79,3	94,6	92,5
Rouen	100	100	100	100
Strasbourg	99,7	99,5	99,5	99,6
Toulouse	98,8	97,6	80,1	94,0
Versailles	93,2	70,6	78,0	82,9
France Mét.	**97,3**	**90,2**	**90,8**	**93,9**

1.2. Nouvelles évolutions

Le Conseil de l'Europe propose depuis quelque temps une réflexion sur la transparence des diplômes en langues et surtout, sur leurs degrés de compétence. Sur la base d'un découpage normé des compétences linguistiques dans chacune des langues du locuteur, une grille de référence des niveaux de compétences en langues étrangères a été élaborée. Comme les différents diplômes en langue utilisés en Europe sont comparables, ils deviennent ainsi plus lisibles. Avec ce *Cadre européen commun de référence pour l'enseignement et l'apprentissage des langues vivantes*, on met l'accent sur quatre finalités de l'apprentissage des langues : constituer un premier **portefeuille plurilingue,** éveiller à la pluralité des ressources et des supports d'apprentissage, enrichir une culture d'apprentissage, ouvrir à la relation interculturelle et internationale. Il est d'usage de nommer le niveau linguistique d'un locuteur par A1, B2 etc. Nous présentons en extrait les compétences auxquelles ces sigles se réfèrent :

Les 6 niveaux de langues du Conseil de l'Europe en compétence croissante[27]

UTILISATEUR ÉLÉMENTAIRE A1 - Peut comprendre et utiliser des expressions familières et quotidiennes et des phrases très simples qui visent à satisfaire des besoins simples et concrets. Peut se présenter ou présenter quelqu'un et poser à une personne des questions la concernant - par exemple son nom, son lieu d'habitation, ses relations, ses biens, etc. - et peut répondre au même type de questions. Peut communiquer de façon simple si l'interlocuteur parle lentement et distinctement et se montre coopératif.

UTILISATEUR ÉLÉMENTAIRE A2 - Peut comprendre des phrases isolées et des expressions fréquemment utilisées en relation avec des domaines immédiats de priorité (par exemple, des informations personnelles sur des achats, le travail, l'environnement familier). Peut communiquer dans une situation

[27]http://culture.coe.fr/lang/fr/fedu2.4i.html

courante simple ne comportant qu'un échange d'informations simple et direct, et sur des activités et des sujets familiers. Peut décrire avec des moyens simples une personne, un lieu, un objet, sa propre formation, son environnement et évoquer une question qui le / la concerne.

UTILISATEUR INDÉPENDANT B1 - Peut comprendre les points essentiels quand un langage clair et standard est utilisé et s'il s'agit de choses familières dans le travail, à l'école, dans les loisirs, etc. Peut se débrouiller dans la plupart des situations linguistiques rencontrées en voyage dans le pays de la langue-cible. Peut produire un discours simple et cohérent sur des sujets familiers et dans ses domaines d'intérêt. Peut raconter un événement, une expérience ou un rêve, décrire un espoir ou un but et donner de brèves raisons ou explications pour un projet ou une idée.

UTILISATEUR INDÉPENDANT B2 - Peut comprendre le contenu essentiel de sujets concrets ou abstraits dans un texte complexe ; comprend une discussion spécialisée dans son domaine professionnel. Peut communiquer avec un degré de spontanéité et d'aisance tel qu'une conversation avec un locuteur natif ne comporte de tension ni pour l'un ni pour l'autre. Peut s'exprimer de façon claire et détaillée sur une grande gamme de sujets, émettre un avis sur un problème et donner les avantages et les inconvénients de différentes possibilités.

UTILISATEUR EXPÉRIMENTÉ C1 - Peut comprendre une grande gamme de textes longs et exigeants, ainsi que saisir des significations implicites. Peut s'exprimer spontanément et couramment sans trop apparemment devoir chercher ses mots. Peut utiliser la langue de façon efficace et souple dans sa vie sociale, professionnelle ou académique. Peut s'exprimer sur des sujets complexes de façon claire et bien structurée, décrire ou rapporter quelque chose et manifester son contrôle des outils d'organisation, d'articulation et de cohésion du discours.

UTILISATEUR EXPÉRIMENTÉ C2 - Peut comprendre sans effort pratiquement tout ce qu'il / elle lit ou entend. Peut restituer faits et arguments de diverses sources écrites et orales en les résumant de façon cohérente. Peut s'exprimer spontanément, très couramment et de façon différenciée et peut rendre distinctes de fines nuances de sens en rapport avec des sujets complexes.

La notion de premier **portefeuille plurilingue** citée comme une des finalités de l'apprentissage dans le *Cadre européen de référence* évoque une image boursière. Le rôle de l'école serait de valoriser ces valeurs et de mettre en place une diversification révisable ultérieurement. Dans la gestion de son portefeuille, l'élève pourrait en quelque sorte " investir sur certaines valeurs " à certains moments (comprenez : travailler certaines langues ou certaines compétences à l'intérieur d'une langue), avant de les mettre un peu en retrait au profit d'autres langues à d'autres moments. L'image du "portefeuille de valeurs" implique également qu'on peut avoir un investissement quantitatif différent dans le domaine de l'apprentissage des langues. Le portefeuille ou **portfolio européen** des langues a été développé à l'initiative du Conseil de l'Europe, s'inscrivant dans le *Cadre européen de référence* de 1976 (Coste, Moore, Zarate, 97). Actuellement, tous les Etats membres ayant signé les accords éducatifs, sont en train de développer leurs propres portfolios. Deux types de portfolios existent dans l'Union européenne : un modèle junior et un modèle pour les lycées. En France, un **modèle junior** à destination des écoles primaires et **un modèle adolescent** pour les lycées d'enseignement général et technologique et les lycées professionnels ont été diffusés. Environ 3000 enfants des classes primaires des toute la France et 2100 élèves dans du secondaire dans l'académie de Caen ont testé ce document (Haberstedt, 03). Un troisième modèle pour les collèges ainsi qu'un quatrième à destination des adultes et des étudiants à l'Université sont à l'étude.

Le portfolio doit favoriser l'apprentissage des langues étrangères, et non d'une seule langue. Il indique l'apprentissage suivi et fournit une information sur le niveau de compétence atteint par l'élève ou l'étudiant. Les portfolios permettent de relater les expériences vécues dans le cadre de l'apprentissage des langues apprises. La dimension culturelle est largement prise en compte. Le portfolio est constitué de deux parties : a) Le **passeport** permet à l'élève d'indiquer le niveau de compétence qu'il estime avoir atteint dans l'une ou l'autre des langues qu'il apprend ou maîtrise, en fonction de la grille de référence du *Cadre Européen* commun. Il permet également d'indiquer, à destination des futurs employeurs, les diplômes et certifications obtenus dans les langues. La " biographie langagière" recense l'ensemble des compétences langagières de l'élève et lui permet de procéder à une auto-évaluation. b) Le **dossier** permet à l'élève de regrouper tous les documents prouvant sa connaissance d'autres cultures ou de ses débuts de compétence en langue. Pour l'école primaire, le tableau des compétences se présente sous forme d'une marelle. Il existe une marelle par compétence, avec des descripteurs de niveau. Les élèves peuvent utiliser, avec l'aide du maître, les fiches contenant ces descripteurs pour s'auto-évaluer. Lorsque le maître considère qu'une compétence est acquise, l'enfant peut coller une gommette devant la case de la marelle correspondante. On espère qu'un élève arrivant à coller de nombreuses gommettes sur la marelle d'une langue, sera motivé pour obtenir de bons résultats dans une deuxième ou une troisième langue. Le portfolio remplirait par conséquent sa mission, qui est celle de favoriser le plurilinguisme. Le portfolio permet de retracer la biographie linguistique d'une personne, son contact avec d'autres langues, son vécu plurilingue, son savoir-faire dans chacune des langues, les diplômes acquis. En dernière partie, l'apprenant aura la possibilité de joindre des réalisations en langue étrangère. Le "**passeport langues**", comme un vrai passeport, est la propriété de la personne pour qui il a été établi. L'avenir montrera s'il sera vraiment utilisé pour valoriser un capital de langues par exemple lors d'entretiens d'embauche, grâce à sa lisibilité et sa comparaison facile entre les différentes langues. Mais ce qui est sûr, c'est que la partie 'dossier' remporte beaucoup de succès à l'école primaire. Elle permet d'archiver des documents (photographies, lettres) apportant la preuve que l'on commence à connaître la langue et la culture de l'autre. Les portfolios en France sont édités par Didier. En Allemagne, le portfolio a fait également son entrée dans les écoles et la formation des enseignants (Pres, 03). Nous l'avons vu, la France modernise son enseignement des langues vivantes, prévoit un véritable apprentissage dès la maternelle, propose une carte diversifiée des langues, forme plus d'enseignants et mieux, prenant ainsi des mesures à l'image de ses voisins européens. Tout cela est très positif, mais insuffisant à notre avis. Car il y a mieux à faire que d'introduire entre une et trois heures de langue vivante étrangère, langue d'origine ou langue régionale. Pour l'instant, la voie extensive existe parce que la voie intensive ne peut s'appliquer partout, mais c'est néanmoins en direction de la voie intensive qu'il faut aller.

Le chapitre suivant montera que l'enseignement bilingue est à la portée de tous, sans distinction d'origine ou de langue, dans le premier ou le second degré. Nous présenterons d'abord quelques dispositifs d'écoles bilingues dont l'approche ne s'est pas généralisée pour différentes raisons. Nous présenterons ensuite le type de bilinguisme le plus répandu en France, celui du bilinguisme paritaire français – langue régionale où les enfants suivent la moitié de leurs cours dans une langue, l'autre moitié dans l'autre langue.

CHAPITRE 2

BILINGUISME NON GENERALISE

Bernard Cerquiglini, directeur de l'Institut national de la langue française et ancien Délégué général à la langue française, a publié en avril 1999 un rapport intitulé *Les Langues de la France* (Cerquiglini, 99, 03), destiné à apporter un peu de lumière dans les discussions houleuses autour de la signature de la Charte européenne des langues régionales ou minoritaires par la France. Pour le chapitre "*Le patrimoine linguistique de la France*", la consultation des spécialistes par Cerquiglini, " *doublée d'un balayage systématique du territoire de la République (métropole, départements et territoires d'outre mer)* " a abouti à une liste jointe en annexe au rapport. Avec 75 langues, cette liste est longue. " *Elle regroupe il est vrai des idiomes de statut sociolinguistique très divers. Entre les créoles, langues régionales sans doute les plus vivantes, essentiellement parlées, pratiquées maternellement par plus d'un million de locuteurs, et le bourguignon-morvandiau, langue essentiellement écrite et que n'utilisent plus que quelques personnes, sans transmission maternelle au nourrisson, les divers cas de figure prennent place.* " (...). " *En tant qu'ancien directeur de l'enseignement primaire, le rapporteur se permet de penser que, pour ce qui est de l'Education nationale, la loi Deixonne, et les possibilités offertes depuis constituent un excellent cadre de travail. Il conviendrait sans doute de réactualiser le dispositif, dès lors que certaines langues (le berbère et l'arabe dialectal, notamment) posent des questions nouvelles à l'intégration, dont l'enjeu reste fondamental. Quant aux langues des Territoires d'Outre Mer, il est évident qu'elles doivent être examinées en liaison avec les Assemblées territoriales. En tant que linguiste, le rapporteur ne peut s'empêcher de noter combien faible est notre connaissance de nombreuses langues que parlent des citoyens français. Il se permet de suggérer que la France se donne l'intention et les moyens d'une description scientifique de ses langues, aboutissant à une publication de synthèse. La dernière grande enquête sur le patrimoine linguistique de la République, menée il est vrai dans un esprit assez différent, est celle de l'abbé Grégoire (1790-1792).* " (Cerquiglini, 99).

Langues parlées par des ressortissants français sur le territoire de la France métropolitaine. D'après le rapport (1999) et l'ouvrage de Cerquiglini, (2003) voici l'inventaire : a) Langues régionales de France métropolitaine : dialecte allemand d'Alsace et de Moselle[28]; basque ; breton ; catalan ; corse ; flamand occidental ; franco-provençal ; occitan (gascon, languedocien, provençal, auvergnat-limousin, alpin-dauphinois) ; langues d'oïl : franc-comtois, wallon, picard, normand, gallo, poitevin-saintongeais, bourguignon-morvandiau, lorrain. b) Langues non territorialisées (mais parlées sur le territoire français) ; berbère ; arabe dialectal ; yiddish ; romani chib ; arménien occidental. A noter que seules six langues régionales sur les dix relevées par Cerquiglini figurent dans l'arrêté du 31 juillet 2001 : les langues régionales d'Alsace et des pays mosellans, le basque, le breton, le catalan, le corse, l'occitan et les langues d'oc. Ces six langues sont enseignées dans l'enseignement à trois heures et dans l'enseignement bilingue. Parmi les langues d'oïl, seul le gallo bénéficie d'un enseignement officiel d'initiation. Pour le Ministère, les langues d'oïl ne font pas partie des langues régionales autres que le français, mais sont des dialectes du français. Visiblement, Cerquiglini estime que les langues d'oïl étant actuellement – et depuis bien quatre ou cinq siècles – très éloignées de la langue standard, il conviendrait de leur donner un statut dans l'enseignement voire ailleurs.

Après ce bref aperçu de la situation plurilingue de la population sur le territoire français, examinons les dispositifs bi- ou plurilingues mis en place en France. Chacun a ses caractéristiques propres, ses critères de sélection ou de pré-requis, son lieu d'implantation ou sa généralisation dans un département par exemple.

[28] La dénomination officielle « langue régionale d'Alsace et des pays mosellans », retenue par le ministère dans les programmes (B.O. hors série n° 2 du 19 juin 2003) est moins précise, mais a l'avantage d'inclure l'allemand aux côtés des dialectes alémaniques et franciques, qui sont des dialectes de l'allemand.

2.1. Langues et culture d'origine (L.C.O. ou E.L.C.O.)

L'enseignement en L.C.O. / EL.C.O. (**Enseignement des langues et cultures d'origine**) est une réponse minimale de l'institution scolaire à des enfants le plus souvent bilingues, issus de l'immigration ou de la migration. Le dispositif en lui-même n'est pas vraiment bilingue, il apporte uniquement une valorisation des langues issues de l'immigration car grâce au dispositif L.C.O., celles-ci trouvent leur place à l'école. Nous avons vu dans les premiers chapitres l'importance accordée au statut des langues et leur valorisation afin que les enfants concernés soient motivés pour les apprendre et les pratiquer. L'enseignement en L.C.O. existe en France depuis 1973. Certains pays d'origine des enfants sont liés avec la France par contrat: l'Italie, l'Espagne, le Portugal, la Tunisie, le Maroc, l'Algérie, la Turquie et l'ancienne Yougoslavie (Hélot, Young, 00). Ces pays mettent à disposition environ 1400 enseignants pour la France et les rémunèrent. La France envoie en échange des professeurs de Français langue étrangère (F.L.E.) dans ces pays et apporte des contreparties dans le cadre de la *francophonie* là où les pays sont concernés. Environ 120.000 enfants suivent volontairement cet enseignement gratuit en France. Les cours ont souvent lieu en dehors du temps scolaire ou bien les enfants quittent pour quelques heures par semaine leur groupe classe. Dans les deux cas, les conditions institutionnelles sont dévalorisantes. Ce dernier modèle est appelé paradoxalement "modèle intégré" alors qu'il n'a rien d'intégrateur. Au contraire, le non-ancrage des cours de L.C.O. dans l'emploi du temps réglementaire n'améliore pas l'intégration des enfants étrangers sur le sol français, il les rejette dans une structure qui peut être ressentie comme un ghetto (Duverger, Maillard, 96, p.40). Les enfants ne vivent pas forcément très bien le fait d'avoir des heures particulières dans leur langue maternelle, mais au moins, celle-ci a une existence officielle et n'est pas uniquement cantonnée dans le domaine familial. Du point de vue sociolinguistique, cet enseignement a néanmoins des effets positifs sur l'attitude des enfants envers les langues, leur envie d'apprendre, leur motivation d'aller à l'école, facteurs somme toute importants pour leur réussite dès le début du parcours scolaire. De fait, les cours L.C.O. servent l'intégration à long terme et commencent à l'école primaire. L'enseignement poursuit certes des objectifs linguistiques et culturels, mais également une meilleure intégration dans le système scolaire français des primo-arrivants[29]. L'enseignement, proposé dans le cadre de l'Education nationale, existe surtout dans les écoles primaires, il est peu développé dans le second degré. En Alsace, à peine 1 % des enfants suivent un enseignement L.C.O. dans le secondaire. Mais il faut avouer qu'à force de diversifier l'offre des parcours de langues dans le secondaire, les effectifs par type de parcours se réduisent. Les langues enseignées peuvent parfois avoir un double statut et être apprises dans deux contextes différents : c'est ainsi que l'arabe, l'espagnol et le portugais peuvent être appris en tant que langue étrangère (L.V.) ou en tant que L.C.O. Le turc par exemple n'est proposé qu'en tant que L.C.O. et uniquement dans le secondaire (Hélot, Young, 00) ; (Kussaibi, 01). A l'avenir, il est prévu d'impliquer les enseignants L.C.O. dans les dispositifs nationaux afin de renforcer ces langues dans le système éducatif, et d'établir une continuité des enseignements entre l'école et le collège. " *Le degré d'avancement des travaux avec ces pays est variable. Le Portugal est éminemment convaincu de la nécessité d'assurer cette continuité, tandis que les pays du Maghreb, la Turquie et la Yougoslavie demandent du temps pour y réfléchir.* " (Desco, 01b). Historiquement, les mesures L.C.O. ainsi que les mesures en Langues et cultures régionales (L.C.R.) existaient longtemps avant que l'Education nationale ne sorte les premiers textes concernant un enseignement des langues vivantes à l'école primaire. Comme il ne fallait pas dépasser les 26 heures hebdomadaires, les langues vivantes sont entrées en concurrence en 1989 avec ce qui existait jusque là en C.M. Les parents devaient alors décider si leur enfant allait pratiquer une langue dans le cadre du dispositif national de "langue vivante étrangère" L.V.E., dans le dispositif régional de "langue et culture régionale" (L.C.R.) ou alors dans le dispositif

[29] Une des difficultés majeures, c'est la confusion entre langues nationales et langues d'origine. On enseigne le turc aux locuteurs kurdes, l'arabe littéral est privilégié par rapport à l'arabe dialectal, etc.

L.C.O. (qui enseigne la langue nationale des pays d'origine, langue qui n'est pas forcément celle parlée dans les familles). Décider en connaissance de cause demande une bonne information préalable des possibilités de parcours en langue offertes par le système éducatif français. Lors du concours externe de recrutement de professeurs des écoles, les candidats peuvent choisir dans certaines académies, de passer une épreuve de langue L.C.O. à la place d'une autre langue vivante étrangère, ce qui indique une certaine ouverture du système. L'arabe peut ainsi être choisi dans l'Académie de Strasbourg pour le concours de recrutement des professeurs d'école (C.R.P.E.), mais au niveau de la formation ultérieure à l'I.U.F.M., l'enseignement de cette langue n'est pour l'instant pas assuré.

2.2. Sections internationales

Destinées à l'origine aux enfants des fonctionnaires internationaux séjournant en France, les sections internationales devaient leur permettre de réintégrer sans difficulté leur système scolaire d'origine. Ainsi des sections internationales d'école élémentaire ont-elles été ouvertes sur le territoire national il y a une trentaine d'années, pour un public de plus en plus international. Les classes internationales à Strasbourg ont été les premières à ouvrir en 1979[30], deux ans avant la publication des décrets nationaux[31]. Ces sections n'existent que dans certaines grandes villes et capitales où sont implantées des institutions ou administrations européennes, ou des entreprises internationales. Les attentes des familles sont actuellement de trois sortes (Cinquième Colloque de Saint-Germain-en-Laye, 00, p.4) : permettre aux familles étrangères une expatriation en France, en conservant la langue et la culture des enfants et en la complétant par la langue et la culture du pays d'accueil ; permettre aux enfants français de ne pas perdre les acquis de la langue et de la culture du pays de séjour après leur retour en France ; permettre aux enfants

---

[30] Académie de Strasbourg (éd.): *Les sections internationales* (dépliant).

[31] Décret n° 81-594 du 11 mai 1981 ; arrêté du 11 mai 1981 (publiés au J.O. du 19 mai 1981 et au B.O. n° 22 du 4 juin 1981.

des couples binationaux une double scolarité en langue et culture. Nous joignons la liste des établissements en annexe. En tant qu'offres limitées à certaines grandes villes, elles méritent d'être mentionnées ici dans les parcours non généralisés. Cependant, le règlement selon lequel ces classes doivent accueillir aux moins 50% d'enfants français et 25% d'enfants étrangers, leur permet de figurer dans l'offre des langues sur le territoire français, surtout en ce qui concerne le secondaire. L'obligation de mélanger natifs et non-natifs s'explique par le fait que les enfants français profitent ainsi de l'apport des enfants d'autres langues maternelles pour la prononciation, l'acquisition linguistique et le vécu culturel. Mais que ce soit dans les sections d'allemand "national" (les enfants natifs) ou d'allemand "spécial" (les enfants francophones ou les natifs maîtrisant moins bien l'allemand), les germanophones natifs apprenant le français en France sont plus avantagés que les francophones apprenant l'allemand. Les sections d'italien et d'espagnol, en tout cas à Strasbourg, ne séparent pas les natifs des non-natifs. Un certain flou existe alors au niveau des concepts sous-jacents car si on est convaincu du bienfait de mélanger les différents groupes de langues maternelles, il faudrait le faire dans toutes les sections linguistiques. L'avantage, pour un enfant étranger, est d'être intégré dans un groupe classe avec des locuteurs du pays dès son arrivée en France. Pour lui, les camarades francophones sont les premiers représentants de la culture française et du style de vie des Français. A titre d'exemple, le projet d'école de *l'Ecole Internationale Robert - Schuman* à Strasbourg indique ces deux objectifs de façon très claire : 1. maintenir le niveau de la langue d'origine et de la culture ; 2. apprendre le français ou l'approfondir afin que le séjour en France soit bénéfique pour les enfants. Le programme d'enseignement est celui de l'Education nationale. Les enfants qui ne maîtrisent pas encore le français sont regroupés pour un enseignement en français langue étrangère tout en étant intégrés dans une classe "normale" pour le reste du temps. Cette période d'adaptation dure entre 3 et 9 mois, parce que les enfants, en immersion dans le pays, apprennent très vite le français. Un groupe classe est souvent composé de deux ou trois communautés de langues, ce qui favorise les échanges culturels et interculturels, mais non le plurilinguisme. De façon paradoxale, le français occupe une place prépondérante dans ces classes internationales : c'est souvent la seule langue commune des enfants. En récréation, on entend un peu toutes les langues, les enfants aimant bien se retrouver entre amis du même groupe langue. Beaucoup de sections internationales différencient les groupes de langue en fonction du niveau linguistique des enfants : "L'enseignement national" s'adresse majoritairement à des enfants étrangers dont au moins l'un des parents pratique la langue choisie comme première langue (bilinguisme familial). La méthode utilisée est celle d'un enseignement de langue maternelle et les manuels scolaires sont le plus souvent ceux utilisés dans le pays d'origine. "L'enseignement spécial" s'adresse à des enfants francophones ayant profité d'une initiation à l'anglais ou à l'allemand en maternelle par exemple. Ils continuent de pratiquer cette langue avec une approche de langue étrangère tout en étant plongés dans un bain de langue plus important que celui qu'on propose ailleurs (immersion partielle) et comprenant de surcroît un bain culturel. Les enfants de différentes langues et cultures se retrouvent pour le programme disciplinaire de l'Education nationale au sein d'un même groupe classe, mais ils sont séparés pour les cours en langue autre que le français. Il n'y a pas d'utilisation fonctionnelle de la langue, car aucun cours de discipline n'est délivré dans une autre langue que le français, en tout cas à l'école primaire. La langue étrangère (ou deuxième langue maternelle pour les enfants bilingues de naissance) est donc uniquement objet de cours et non pas langue véhiculaire de transmission de savoirs disciplinaires dans les sections internationales de l'école primaire. Comme le décret régissant les classes internationales ne prévoit pas leur installation dès la maternelle, toutes les villes ne proposent pas ce système dès les classes de maternelle. On compte sur les apports familiaux des enfants ou des écoles maternelles privées proposant une approche ludique d'une première langue vivante étrangère avant l'arrivée en classe internationale. Quand des collectivités territoriales installent des sections internationales à l'école maternelle, les places y sont rares. Les parents doivent faire une demande motivée qui sera examinée par une commission et la direction de l'école. En absence de règles pour la maternelle "internationale", les situations les plus diverses existent, c'est souvent l'inspecteur d'académie qui décide de l'admission. Pour une entrée en première année de l'école élémentaire ou une entrée plus tardive, les enfants doivent passer un examen interne à l'école en mathématiques et en langue étrangère, ainsi qu'en français s'ils pratiquent déjà cette langue. Cette sélection est clairement affichée et motivée par l'argument qu'une scolarité internationale est plus difficile à gérer pour l'enfant. Ce n'est pas tant la difficulté de gérer les deux langues, mais un emploi du temps plus "décousu"[32], avec plus d'intervenants à l'âge où les autres enfants ont un maître unique, et le fait d'avoir moins de temps pour les enseignements disciplinaires. A Strasbourg par exemple, les enfants ont six heures de langue en "enseignement national" par semaine, tout en ayant 26 heures hebdomadaires comme les autres. Il faut travailler plus vite dans les autres disciplines afin de dégager du temps pour les langues et ne pas surcharger l'emploi du temps hebdomadaire. Ce rythme n'est certes pas approprié à tous les enfants, notamment à certains jeunes enfants nés en fin d'année. Les enseignants étrangers des sections internationales doivent être qualifiés selon les règles de leur pays d'origine, mais il n'est pas rare qu'ils passent en plus des concours comme le *concours de professeur des écoles*, voire le *C.A.P.E.S.* [33] ou l'*agrégation* pour le second degré. Ils pourront ainsi rester en France et être titulaires de leur poste plutôt que d'en changer après quelques années. Généralement les enseignants de langue étrangers maîtrisent également le français, ce qui n'est pas le cas pour les enseignants "natifs" dans tous les systèmes scolaires bilingues. Des enseignants français, titulaires des concours nationaux, font aussi partie de l'équipe pédagogique. Le niveau en langue des enfants est élevé, guidé par les exigences du pays d'origine pour les enfants suivant l'enseignement national.

[32] Avec trois groupes de langue dans une classe et 6 heures de langue par groupe, il y a de grandes chances que l'un des groupes soit en cours de langue alors que les autres suivent un enseignement disciplinaire. Le maître s'occupe alors passagèrement seulement de 20 enfants au lieu de trente, mais il faudra qu'il explique ultérieurement au troisième groupe ce qu'il a fait avec les deux autres. Cette organisation demande une attention particulière de la part des enseignants et des enfants.

[33] C.A.P.E.S. = Certificat d'aptitude à l'enseignement secondaire.

On travaille l'écrit et l'oral dans les deux langues et l'objectif du C.P. est de savoir lire dans les deux langues à la fin de l'année. Les enfants passent les mêmes évaluations nationales en mathématiques et français. En 1999-2000, 10.194 élèves étaient inscrits dans 20 établissements publics à sections internationales (Cinquième Colloque de Saint-Germain-en-Laye, 00, pp.84-85). Il n'existe pas de statistiques nationales pour la totalité des classes internationales, public et privé réunis. A titre d'exemple, dans les classes internationales à Strasbourg, 180 élèves étaient scolarisés dans six classes de maternelle en 2003-04, et 743 dans les classes élémentaires de l'*Ecole Internationale Robert Schuman* et de l'*Ecole du Conseil des XV* (année 2002-03), les deux écoles élémentaires avec classes internationales sur Strasbourg. A Strasbourg, les sections internationales sont gratuites pour les familles, contrairement à d'autres établissements internationaux en France. Certains pays d'origine (Allemagne, Italie, Espagne) sont liés par convention et financent une partie des postes d'enseignants. D'autres, comme le Royaume-Uni, ne participent pas. Ainsi, s'est mis en place un financement conjoint entre l'Académie de Strasbourg, la ville de Strasbourg, le département du Bas-Rhin et la Région d'Alsace. Aux Pays-Bas, le surplus pour des sections internationales à payer par les parents s'élève à entre 2300 et 3000 Euros par an (Cinquième Colloque, 00, p.32). Pour une section menant au baccalauréat international (BI) dans l'un des internats les plus prestigieux d'Allemagne, Salem[34], les parents doivent actuellement dépenser environ 26040 € par an (11220 € en cas d'élève semi-externe). Mais les parents sont prêts à payer de telles sommes car une scolarité avec des enseignants natifs pour la plupart et des enfants de langue maternelle est intéressante et les résultats scolaires de ces établissements sont bons. Beaucoup d'écoles internationales ouvertes dans le monde sont d'inspiration anglo-saxonne, " *ce qui n'est pas seulement dû au rôle " évident de l'anglais comme langue internationale et la nouvelle puissance financière des multinationales, mais aussi au fait que les systèmes*

[34] *Schule Schloss Salem e.V.*, site Internet http://www.salem college.de/D3Kost.htm

britanniques, américains ou des pays à forte immigration sont peu centralisés et souvent à gestion privée, que l'influence des parents y est beaucoup plus importante, et que les programmes sont plus souples, permettant une meilleure adaptation à une population hétérogène. " (Duverger, Maillard, 96, p.116). Une *Association des Ecoles Internationales*[35] (ISA) s'est créée en 1951 avec un projet de baccalauréat international afin de répondre aux besoins des élèves "mobiles", exposés à des systèmes d'éducation hétérogènes, et de faciliter leur admission à l'université. Un baccalauréat international (BI) a d'abord été créé pour une période expérimentale de 6 ans, de 1969 à 1975. Les premiers programmes sur lesquels on s'était mis d'accord étaient les langues, l'histoire-géographie et la biologie (Duverger, Maillard, 96, p.118). Actuellement, *l'Organisation du Baccalauréat International* (OBI), un organisme à but non lucratif créé en 1968 dont le siège est à Genève, est une organisation non gouvernementale jouissant du statut consultatif avec l'UNESCO. En 2002-03, il y avait 1464 écoles dans 115 pays (statistiques du 30.06.2003) autorisées par l'OBI. Mais le programme du baccalauréat international ne couvrait initialement que les deux années préparatoires à l'université. Pour l'*Association des Ecoles Internationales,* une véritable éducation internationale ne pouvait se limiter à ces deux années. Pour pallier cette lacune, celle-ci élaborera, dans les années 80, un projet éducatif destiné aux élèves de niveau secondaire, mais pas seulement réservé à ceux qui envisagent de passer le Baccalauréat international (BI). Duverger et Maillard critiquent cependant le BI qui serait de plus en plus une " *internationalisation monoculturelle et monolinguistique du savoir et du pouvoir* ", ils soutiennent que l'idéal des pionniers de Genève, " *est devenu, dans le réseau BI, pro américain, quasi monolingue, et par ailleurs, une marchandise onéreuse*". (Duverger, Maillard, 96, p.122).

[35] ISA *International School Association*; http://www.ibo.org http://www.seei.qc.ca/origines.htm

2.3. Quelques cas spécifiques de bilinguisme scolaire en France

Nous allons présenter quelques cas spécifiques de bilinguisme scolaire dont l'approche de deux ou trois langues dans le cadre scolaire nous paraît particulièrement intéressante. Un recensement a été effectué par B. et M. Abdelilah sur un site Internet[36]. Les écoles publiques ou privées mentionnées sur ce site sont au nombre de vingt pour Paris et la région parisienne, suivies d'environ quinze pour le reste de la France et une dizaine d'écoles associatives. Ne figurent pas dans cette liste les écoles pratiquant les langues régionales dans l'enseignement public (environ 34000 élèves en 2003), citées elles, sur le site de la Fédération des langues régionales de l'enseignement public[37]. Cette fédération regroupe les principales associations ou fédérations de parents d'élèves et d'enseignants qui œuvrent au développement des langues régionales dans le service public de l'éducation. Elle est subventionnée par le Ministère de l'Éducation nationale. Le bilinguisme paritaire dans des classes au sein de l'Education nationale sera traité dans le chapitre suivant II3. *Scolarité bilingue paritaire.*

2.3.1. L'école primaire de la rue de Tanger à Paris

Dans les sections internationales, les langues proposées sont le plus souvent valorisées, par le milieu socio-économique et son ouverture internationale, par le milieu socioculturel des familles qui scolarisent leurs enfants dans des sections un peu à part du système français. Pour les enfants des migrants, la situation n'est pas la même. Ces enfants étant issus d'un milieu socio-économique et culturel différent, la langue parlée à la maison n'est souvent même pas considérée comme langue, mais comme un dialecte, donc dévalorisé même aux yeux des locuteurs eux-mêmes. C'est par exemple le cas des Maghrébins en France, qui parlent effectivement un arabe dialectal, parfois même très localisé et coupé de l'évolution actuelle de l'arabe parlé dans leur pays

[36] http://www.enfantsbilingues.com
[37] http://www.flarep.com

d'origine. Conjuguée à des problèmes de racisme, cette situation finit par être un amalgame entre le " *statut socio-économico-culturel inférieur et le statut socialement dévalorisé de la langue* " (Groux, 96, p.144). Ce sont là de mauvaises conditions psychologiques de départ pour développer un bilinguisme additif, objectif pourtant affiché de l'enseignement scolaire bilingue. Nous avons vu précédemment qu'un enseignement de l'arabe proposé par exemple dans le cadre des Langues et cultures d'origine (L.C.O.) constituait une valorisation de cette langue, qui trouvait ainsi sa place au sein de l'école, sans que cette mesure ne soit suffisante pour que se développe un bilinguisme positif. Par contre, un tel objectif est atteint quand l'arabe est enseigné en parité avec le français, par exemple dans quelques classes franco-arabes du XIX arrondissement de Paris : *"L'égalité de statut est bien la condition première d'une réussite du bilinguisme"*. (Duverger, Maillard, 96, p.40). Les deux langues sont dénuées de connotation négative, ce sont pour les enfants des langues scolaires comme d'autres. La clé du succès de l'école bilingue implantée dans la rue de Tanger à Paris passe par un **bilinguisme institutionnel**. Au moment de l'inscription, les familles choisissent librement le type de classe (bilingue ou monolingue) dans lequel ils veulent inscrire l'enfant. Les classes bilingues sont souvent préférées aux classes monolingues et les enfants inscrits dans ces dernières le sont souvent par manque de place dans les premières. " *Aucune sélection n'est opérée et seul, le critère du seuil maximum des effectifs est retenu* " (Groux, 98). Cette école (Kaplun, 95) propose depuis 1986 un bilinguisme français-arabe à côté de l'enseignement monolingue classique, ce qui permet de recruter parmi les enfants de migrants, mais également parmi une clientèle française. Les parents français sont également attirés par le projet plurilingue de cette école, qui dépasse le simple bilinguisme par l'introduction de l'anglais à partir du C.M.1 – à un âge, où la plupart des enfants scolarisés dans des écoles publiques de l'Education nationale font les premiers pas dans une langue vivante étrangère, à raison d'un quart d'heure par jour ! La langue anglaise est sans doute un atout supplémentaire. L'école maternelle et l'école primaire se trouvent dans la même rue dans le XIXe arrondissement, dans deux bâtiments distincts. L'école maternelle comprend environ 175 élèves (en 2004) et l'enseignement bilingue débute dès la petite section, l'école élémentaire a dix classes bilingues (du C.P. au C.M.2 : deux classes par niveau). Parallèlement à ces classes bilingues existent des classes monolingues appelées "*classes francophones*" (Groux, 96). Une bonne moitié des élèves de l'école fréquente les classes bilingues, les autres enfants sont scolarisés dans les classes francophones. Il s'agirait plutôt d'un site bilingue au sens alsacien que d'une école bilingue, car tous les enfants ne suivent pas le cursus bilingue. Pour ceux du cursus bilingue, la langue arabe est enseignée à raison de cinq heures par semaine, auxquelles se rajoute l'enseignement des mathématiques, de l'histoire, de la géographie et de l'éducation physique en arabe. Le reste des heures (environ 13 h) se fait en français. L'arabe est utilisé comme le vecteur d'enseignements disciplinaires, son statut passe de celui d'objet d'étude à celui d'outil cognitif. Et surtout, il permet aux enfants de dépasser le **bilinguisme soustractif** qu'ils vivent dans leur quartier, ce qui les conduit à revaloriser leur langue et culture d'origine. (Groux, 96). D'autre part, les enfants arabophones de naissance ne sont pas regroupés dans des classes spécifiques, mais dans des classes bilingues où d'autres enfants, qui n'ont jamais approché la langue arabe, peuvent aussi l'étudier, dans des conditions extrêmement favorables. Ce type d'organisation pédagogique permet de constituer des "*classes linguistiquement mixtes*". L'école accueille 70 % d'élèves d'origine étrangère (Groux 96, p.149), mais comme les classes " *ne fonctionnent pas en ghettos* ", les enfants acquièrent une base bilingue et biculturelle leur permettant une réussite scolaire. Nous avons eu l'occasion de citer certaines performances de ces élèves dans le chapitre I3. consacré aux résultats du bilinguisme scolaire. L'Etat français n'accorde pas de subvention particulière à l'école. Au début de l'expérience, en septembre 1986, c'est l'Etat algérien qui rétribuait les enseignants d'arabe qu'il recrutait. Actuellement, ce sont la Tunisie et le Maroc qui prennent en charge les rémunérations des cinq enseignants d'arabe. Mais des évolutions sont en cours vers un "*partenariat unique avec le Maroc, de façon à institutionnaliser cette coopération et à établir des échanges sous forme régulière et contractuelle.*" (Groux, 98). La section internationale arabe du *lycée-collège international*

Honoré de Balzac (http://lyc-balzac.scola.ac-paris.fr/) pourrait représenter la suite logique de ce bilinguisme. Le bilinguisme institutionnel proposé par l'école de la rue de Tanger apparaît comme une formule très intéressante. En effet, un enseignement qui affiche sa vocation trilingue dès le primaire avec une L1 français - L2 arabe / ou turc / ou portugais - L3 anglais (introduit en C.M.1), peut attirer des parents d'origine française soucieux de donner une compétence trilingue à leurs enfants. On évite ainsi le risque de marginalisation pour les enfants des migrants. En conclusion, cette école est souvent citée dans les publications spécialisées parce qu'elle a installé un bilinguisme scolaire avec deux langues n'ayant pas le même statut. L'extension, voire la généralisation d'un enseignement bilingue pour tous, mettrait fin aux malentendus culturels et aux préjugés.

2.3.2. L'école active Jeannine Manuel (EABJM)

Sous contrat avec l'Education nationale, *l'Ecole active bilingue Jeannine Manuel*[38] de Paris accueille, de la maternelle à la terminale, 2200 élèves de 65 nationalités. De ce fait, l'EABJM " *se veut avant tout une école multiculturelle, favorisant la rencontre, la compréhension la rencontre, la compréhension et l'enrichissement mutuel d'élèves* ". L'école vit en quelque sorte du plurilinguisme et de la multiculturalité de ses élèves. Une Américaine, trouvant l'offre de langues insuffisante à Paris, l'avait fondée en 1954 (Groux, 96, p.142). L'anglais est enseigné de la maternelle au baccalauréat et passe par l'immersion précoce dans la culture anglo-saxonne. Sur les 174 enseignants, un tiers est anglophone. Dès la maternelle, les élèves bénéficient d'un enseignement "naturel" de l'anglais selon la méthode "Knock, Knock" pour les élèves non anglophones. Dans le secondaire, l'histoire, la géographie et les sciences sont enseignées en anglais. Une des spécificités de l'école est le travail par groupes de niveaux en anglais dans toutes les classes à partir de la maternelle, et en mathématiques dans les classes du collège. Le deuxième point de l'enseignement à côté de l'anglais est l'apprentissage précoce de la

[38] http://www.eabjm.com/intro/fr/index.html#introduction

lecture en français en maternelle. En primaire, le programme enseigné est celui de l'Education nationale. Des cours de japonais sont dispensés à partir de la 9è (C.E.2), ce qui fait la troisième langue scolaire des enfants à l'âge de 8-9 ans. Les élèves terminent leur scolarité soit avec le baccalauréat français (avec ou sans *option internationale du baccalauréat,* O.I.B.), soit avec *le baccalauréat international de Genève.* Les épreuves de ce dernier[39] ne correspondent cependant pas au programme français, elles se préparent dans une filière spécifique. L'admission se fait sur entretien avec les familles pour les plus petits, complété par un dossier scolaire pour les plus grands. Un accueil spécifique pour les élèves non francophones est prévu. La conception de cette école est basée sur plusieurs critères attestés comme positifs dans le bilinguisme des enfants : présence de deux langues internationales de grande diffusion et de statut comparable (français, anglais), connotation positive de ces langues, présence de natifs des deux langues au sein de l'école, introduction très précoce en très petits groupes d'une langue étrangère, sélection des élèves, attrait supplémentaire par une troisième langue plus exotique réputée difficile (le japonais). Une deuxième école du type EABJM existe à Lille depuis dix ans, *l'Ecole active bilingue Jeannine Manuel Ecole internationale de Lille Métropole*[40] accueillant une trentaine de nationalités. Elle dispose d'un internat.

2.3.3. Le Lycée franco-allemand de Buc

Le Lycée franco-allemand de Buc près de Versailles fait partie d'une série de trois lycées franco-allemands créés dans le cadre de la réconciliation franco-allemande après les accords de l'Elysée[41], les deux autres étant les Lycées franco-allemands de Sarrebruck (1961) et Freiburg (1972). La scolarité est gratuite dans chacun des établissements de ce réseau. L'objectif est d'arriver au bilinguisme en respectant l'appartenance d'origine et en favorisant l'intégration des deux cultures et des deux langues, ce sont en quelque sorte des

[39] http://www.ibo.org

[40] http://www.eabjm.com/intro/fr/lille-fr.html

[41] La convention du 10 février 1982 et les accords du 6 juillet 1976 régissent leur organisation pédagogique.

" *laboratoires bilingues et biculturelles en Europe* " (Studer, 00, p.127). En luttant contre les préjugés et les stéréotypes et en utilisant de façon optimale le double bagage culturel, ce type de système œuvre pour établir des relations entre les deux cultures (allemande et française). Semblable à celle de l'école active bilingue Jeannine Manuel, la conception de l'école vit grâce au contact quotidien d'élèves issus de différentes cultures et langues. Le Lycée franco-allemand de Buc[42], créé en 1980, accueillait en 2003-04 environ 800 élèves dont un tiers de langue maternelle allemande. Les élèves sont répartis en deux sections, française et allemande (en fonction de la langue qu'ils pratiquent le mieux). La section allemande scolarise les élèves du C.P. à la Terminale. Elle propose un enseignement de français, langue étrangère (F.L.E.) pour les enfants qui en ont besoin. La section française scolarise les élèves de langue maternelle française à partir du C.M.2 jusqu'à la Terminale. Il s'agit par conséquent d'une immersion partielle tardive pour ces derniers. L'horaire d'enseignement de l'allemand est renforcé au collège et au lycée. Jusqu'ici, rien d'extraordinaire, mais l'originalité du dispositif " *réside dans la mise en place systématique de* ***cours intégrés*** *et de cours dans la langue du partenaire, un professeur sur trois étant allemand.* " (Studer, 00, p.127). Autrement dit, les élèves des deux sections se retrouvent dans des cours communs assurés par des professeurs français et allemands. Ils sont réunis dès le C.M.2. en petits groupes transversaux à partir de leur section d'origine pour les cours d'anglais, d'E.P.S., d'arts plastiques, de musique. A partir de la 4ème, les élèves de la section française sont confiés à un professeur de la section allemande pour la géographie. Le dispositif se poursuit en 3ème avec l'histoire, l'éducation civique et les sciences de la vie et de la terre. " *Grâce au dispositif des cours intégrés et des cours de la langue du partenaire (qui ne peut se faire qu'en petits groupes), tous les élèves sont confrontés au cours de leur scolarité aux méthodes pédagogiques et au mode de pensée du pays partenaire*" (Studer, 00).

---

[42] http://www.ac-versailles.fr/etabliss/lfa/f/ index.htm

Les programmes scolaires spécifiques, élaborés d'un commun accord entre les deux pays, le volume horaire et la pratique quotidienne des deux langues différencient ce dispositif des enseignements qui débouchent sur l'option internationale du baccalauréat ou de l'*Abi-Bac*. Le brevet des collèges au Buc est national, mais avec option franco-allemande. Les élèves préparent ensuite le baccalauréat "franco-allemand" (l'*Abi-Bac*) en série L ou S qui n'est ni français ni allemand, mais "franco-allemand". Celui-ci est équivalent au bac français et à *l'Abitur* allemand. Comme il est de tradition en Allemagne, ce " *baccalauréat comprend un tiers de contrôle continu établi à partir des notes .de première et de terminale dans les sept disciplines de chaque section. Il n'y a pas d'épreuve anticipée de français* " (Studer, 00, p.128). Ce baccalauréat est reconnu dans les deux pays et ouvre aux lauréats les portes des universités françaises et allemandes. Parmi les bacheliers, un grand nombre s'inscrit en classe préparatoire aux grandes écoles, ce qui est normal parce qu'on précise dès le départ, dans les entretiens d'admission, que ce dispositif s'adresse à des élèves motivés et sélectionnés, performants dans toutes les matières, intéressés par l'étude des langues et capables de fournir un travail autonome. De par la composition des classes linguistiquement mixtes et du corps enseignant issu de deux langues et cultures, ce système ne peut pas être généralisé, malgré ses excellents résultats. A titre d'information, notons que le lycée franco-allemand de Sarrebruck[43] a ouvert une **section biculturelle** qui regroupe les enfants issus de couples binationaux ou ceux qui sont devenus bilingues par un système scolaire avant l'âge de 10 ans. Dans cette section, les cours sont donnés alternativement dans les deux langues maternelles des enfants, le français et l'allemand, par des enseignants de disciplines qui font cours dans leur langue maternelle. Chaque enseignant apporte sa façon de faire et la culture méthodologique et scientifique de son pays. Voilà une réponse qui résout pour une fois le problème des bilingues de naissance, laissés pour compte dans la plupart des dispositifs scolaires, même si ces dispositifs s'appellent " bilingues ".

---

[43] http://www.dfg.lfa.com

CHAPITRE 3

SCOLARITE BILINGUE PARITAIRE

Après avoir donné un aperçu de l'offre des langues à l'école primaire en France, puis présenté quelques dispositifs bilingues non généralisés, nous consacrons ce chapitre au modèle d'enseignement bilingue le plus répandu en France, celui de l'enseignement bilingue paritaire (C.I.E.P., 95).

3.1. Tour d'horizon de l'enseignement bilingue en France

L'enseignement des **langues et cultures régionales** est en progression continue en France et la hausse des effectifs est surtout très marquée dans le premier degré. Au sein de cette progression, c'est l'enseignement bilingue qui occupe la première place : 25.200 élèves dans des écoles et 3 337 élèves dans des collèges (public et privé sous contrat) suivaient en 2000-01 un enseignement bilingue dans le cadre de l'Education nationale en France. Ces chiffres montrent à la fois une grande motivation des familles pour ce type d'enseignement et une réponse positive des autorités scolaires à cette demande, même si, sur tous les élèves ayant suivi un enseignement de langue et culture régionales, seuls 5% environ l'ont fait dans le cadre d'un enseignement bilingue, la langue régionale étant alors utilisée comme langue d'enseignement (Duverger, Maillard, 96, p.132). En 2000-01, plus de 152 557 élèves des écoles, collèges et lycées publics et privés sous contrat ont reçu un enseignement de langues et cultures régionales L.C.R., mais pas forcément sous forme d'enseignement bilingue. "*Dans la hiérarchie des langues, l'occitan-langue d'oc (plus de 71 912 élèves en L.C.R.) continue de demeurer la langue la plus répandue dans les trois niveaux d'enseignement, ce que justifie l'étendue de son aire d'influence (la moitié de la superficie de la France), suivie par le corse (27 875 élèves), le breton (20 697 élèves), le basque (8969 élèves), à quasi équivalence avec le catalan (8 907 élèves). Les langues régionales d'Alsace (7453 élèves) et les langues régionales des pays mosellans (avec plus de 5823 élèves), qui représentent des voies spécifiques de l'apprentissage de l'allemand* *complètent le panorama complété par le gallo dans la seule académie de Rennes (avec 921 élèves)*"[44]. Ces chiffres du rapport officiel *Etat des lieux sur l'enseignement des langues régionales* sont à manier avec précaution pour l'Alsace car ils n'indiquent pas tous les apprenants d'allemand, mais seulement ceux dans les classes bilingues à parité horaire. Pour être tout à fait exact, il aurait fallu séparer pour l'école primaire les élèves apprenant l'allemand comme langue étrangère (100% des écoles primaires) de ceux apprenant l'allemand en site bilingue paritaire en Alsace (10599 enfants en 2003-04). Pour le second degré, il faudrait distinguer ceux qui suivent un enseignement L.C.R., de ceux qui pratiquement l'allemand dans le cadre de sections bilingues en collège ou en lycée, et ceux enfin qui le pratiquent dans les autres sections (européennes, trilingues, L1, LV2). L'enseignement des langues et cultures régionales pouvant rapporter des points au brevet des collèges et au baccalauréat, 4158 collégiens et lycéens ont suivi cet enseignement en Alsace en 2003-04 alors que 1557 collégiens et lycéens suivaient un enseignement bilingue de collège ou de lycée la même année. Tous ces chiffres dépassent largement les 7453 élèves recensés dans le rapport, même si on tient compte d'une augmentation des effectifs entre 2001 et 2003 due à la démographie. Il peut être intéressant de noter que seules six langues régionales sur les dix langues territorialisées citées par Cerquiglini figurent effectivement dans l'arrêté du 19 avril 2002 qui définit les académies concernées par l'enseignement des langues régionales de France et complète le décret du 31 juillet 2001 sur la création d'un conseil consultatif des langues régionales. Il s'agit des langues régionales territorialisées citées précédemment, auxquelles s'ajoute le gallo, qui constitue, par son appartenance à la famille des langues d'oïl, une exception dans cette liste. Pour l'Education nationale, les langues d'oïl citées par Cerquiglini sont des dialectes du français. En tant que telles, elles n'ont pas à être enseignées de manière distincte de la langue

[44] Chiffres de 2000-01, rapport *Etat des lieux sur l'enseignement des langues régionales*, http://www.education.gouv.fr/ram/educd/brochure/actions/2001/languereg/etat.pdf.

standard de référence. Il faut distinguer l'enseignement bilingue d'un enseignement de langue à horaire renforcé. Dans le dernier cas, aucune discipline scolaire n'est enseignée dans la langue étrangère. Or, les recherches montrent que les élèves ne sont pas attirés par un renforcement de l'horaire si l'enseignement reste le même (donc très classique), mais qu'ils sont motivés par les disciplines enseignées en langue étrangère. La France a développé une large offre de langues dans le secondaire, mais en gardant dans ces sections un enseignement traditionnel. L'enseignement bilingue à proprement parler était réservé jusqu'à la fin des années 80 à quelques établissements avec sections internationales, des écoles privées ou associatives ou des écoles à public particulier, comme le Lycée franco-allemand de Buc. Nous les avons décrits dans les chapitres précédents. Les écoles associatives ou privées ont souvent été les précurseurs dans le domaine des langues étrangères, mais depuis une vingtaine d'années, l'Education nationale reprend le flambeau et remporte de plus en plus de succès, notamment dans le primaire. Le temps est maintenant à la généralisation progressive des classes bilingues, le plus souvent à parité horaire. L'éducation bilingue comportant un enseignement dans la langue-cible est proposée en France dans les écoles pré-élémentaires et élémentaires associatives depuis 35 ans au Pays basque, depuis 28 ans en Roussillon (catalan), 27 ans en Bretagne, et 25 ans en Occitanie. L'Alsace avec ses 12 années d'enseignement bilingue associatif n'a pas encore une aussi longue tradition, mais a installé les classes paritaires avant la Corse et la Moselle. La langue de la République est certes le français, mais la langue de l'enseignement n'est pas exclusivement le français. Dans toutes ces régions, l'enseignement public a relevé le défi de l'enseignement bilingue public après les classes associatives, parfois avec beaucoup de retard (plus de 15 ans en Occitanie), parfois avec peu de décalage comme au Pays basque et en Bretagne, parfois même l'année scolaire suivant les premières ouvertures de classes associatives comme en Alsace. Il s'agit de classes pré-élémentaires et élémentaires dites bilingues paritaires ou **semi-immersives** dans lesquelles l'horaire est réparti, à parts égales, entre le français et la langue régionale.

3.2. Un exemple : 12 ans de bilinguisme scolaire en Alsace

Afin de donner un exemple concret, nous présenterons une scolarité bilingue telle qu'elle est en vigueur dans l'Académie de Strasbourg. Ce n'est ni la première région ni la dernière en France à avoir installé un système d'enseignement bilingue public, certes. Mais elle a l'avantage d'avoir pu profiter des expériences d'autres régions qui, à l'image du Pays basque, se sont mises parfois vingt ans plus tôt à l'enseignement bilingue. On peut donc comprendre une dynamique et des évolutions à travers cet exemple. La deuxième raison de citer l'Alsace en exemple, c'est que dans la mise en place du nouveau concours de recrutement des professeurs des écoles chargés d'un enseignement de langue régionale, l'académie de Strasbourg a joué un rôle innovant en recrutant sur liste principale 39 professeurs stagiaires dès la première année en 2002-03, trente-six l'année suivante (dont 5 recrutés l'année d'avant sur liste complémentaire), ce qui constitue le taux le plus élevé de toute la France en enseignants chargés de langues régionales. C'est élever une académie au rang de "grand producteur" d'enseignants bilingues de langue régionale. Mais l'exemple de l'Alsace présente un troisième avantage : sa situation géographique, le long d'une frontière linguistique avec plusieurs pays dont la langue quotidienne est en même temps la langue-cible de l'enseignement bilingue en Alsace, permet d'apporter des éléments positifs au développement du bilinguisme avec tous les acteurs : parents, enfants, enseignants en formation et en exercice.

3.2.1. Le dispositif bilingue en Alsace

La motivation pour l'enseignement des langues en primaire varie selon les académies. C'est ainsi que l'Alsace se distingue par ses choix délibérés en faveur du bilinguisme. L'enseignement de l'allemand y a précédé de quelques années la volonté désormais affichée du Ministère de l'Education nationale d'initier les élèves à une seconde langue le plus tôt possible. Lorsque l'on évoque l'Alsace, son histoire douloureuse, marquée par les tiraillements entre la France et l'Allemagne, ne peut être occultée. En revanche, il n'y a rien d'incongru ou d'extraordinaire à l'intégration d'une autre langue que le français à l'école. Si ce n'est les parents, les grands-parents portent ce souvenir et peut-être cette revendication.

3.2.2. Langue régionale, familles, école

La spécificité régionale en terme d'apprentissage de langues, c'est la présence d'un apprentissage précoce de l'allemand, " *langue régionale, langue de référence et langue écrite des dialectes alémaniques et franciques parlés en Alsace* " (Académie de Strasbourg, 87) selon les déclarations politiques qui ne reflètent pas exactement la réalité du terrain. Le terme "langue régionale" pose cependant problème par son pouvoir polysémique (Huck, 99). L'enseignement bilingue en Alsace fonctionne selon le même droit scolaire que celui dont bénéficient d'autres langues régionales de France, depuis la loi Deixonne de 1951 et ses extensions successives. La langue régionale d'Alsace au même titre que le basque, le breton, le catalan, le corse, l'occitan fait partie des " *langues régionales de France* " ou des " *langues de France* ". Les textes réglementaires nationaux issus de la loi Deixonne restent volontairement dans le flou se contentent d'une définition générale en parlant de " *langue régionale d'Alsace*" . Ils ont laissé de fait à l'administration scolaire régionale le soin de préciser ce concept. Celle-ci interprète généralement la langue régionale comme existant sous deux formes en Alsace : les dialectes alémaniques et franciques parlés en Alsace et en Moselle d'une part, l'allemand standard d'autre part, mais celui-ci est surtout le fruit d'un enseignement scolaire. Ce que l'on appelle l'alsacien, ou *l'elsässerditsch* est en fait une langue constituée de quatre grandes variétés, le francique au nord (francique mosellan et francique rhénan méridional), l'alémanique au sud, avec le bas-alémanique dans le Bas-Rhin et dans une partie du Haut-Rhin, finalement le haut alémanique dans les régions proches de la frontière suisse. Les frontières politiques n'arrêtent jamais les langues : un continuum des variétés alémaniques et franciques existe en Allemagne et en Suisse. *L'elsässerditsch*, c'est-à-dire l'allemand alsacien, a le même statut historique que d'autres variétés d'allemand en Allemagne, en particulier les dialectes d'Allemagne du sud, c'est-à-dire qu'il a préexisté à l'allemand standard et aurait pu devenir, avec le développement de l'humanisme rhénan, le standard actuel. Celui-ci, on le sait, doit son essor à langue employée par Luther pour sa traduction de la Bible, la langue des chancelleries, teintée de *Mittelhochdeutsch* thuringien. Dans les variétés dialectales et dans l'allemand standard, l'essentiel des structures syntaxiques et une grande partie du lexique sont identiques, les divergences étant principalement d'ordre phonétique. L'alsacien a cependant divergé de l'allemand standard depuis l'intégration de l'Alsace dans l'espace français, il y a plus de 300 ans, et a accueilli de plus en plus de mots et locutions du français.

Les dialectes alsaciens ont pour particularité de donner rapidement accès à une langue de grande diffusion. En effet, en tant que " *langue des pays les plus voisins et grande langue internationale, l'allemand a une extension plus importante que les autres langues de France* " (Académie de Strasbourg, 97, p.45). Les dialectes alsaciens partagent avec l'allemand des éléments d'une syntaxe commune et des faits lexicaux communs. Ils sont la langue du voisin le plus proche. Dans " langue du voisin ", il y a une référence implicite au contact des langues qui s'interprète aussi comme un conflit des langues. " *Le conflit linguistique (...) repose sur une redéfinition dynamique de la diglossie : tout contact hiérarchique de langues utilisées dans les mêmes aires linguistiques mène (...) à la disparition de la langue la moins compétitive* " (Cichon, 97, p.38). Non seulement les dialectes alsaciens reculent depuis une cinquantaine d'années, mais encore leur lien génétique avec l'allemand s'estompe progressivement, le français ayant pris la place de l'allemand comme langue écrite et comme langue de référence (Huck, 99). Des études récurrentes et les travaux les plus récents d'Arlette Bothorel-Witz (Bothorel-Witz, 00) et de Dominique Huck de l'Université Marc Bloch de Strasbourg montrent que la base dialectale se réduit en extension et en qualité : les liens entre le dialecte et l'allemand se distendent, le français, langue nationale, prenant de plus en plus le rôle autrefois joué par l'allemand. Mais si la parenté entre les dialectes et l'allemand s'est distendue, elle n'est pas rompue pour autant. Pour les autorités scolaires, il était donc nécessaire de mettre en place un véritable programme *Langue et Culture Régionales en Alsace.* La définition de " langue régionale " a été formulée officiellement par l'ancien Recteur Pierre Deyon, mettant ainsi un terme provisoire à la discussion de savoir s'il fallait enseigner l'allemand ou l'alsacien dans les écoles en Alsace. A la reconnaissance implicite a donc succédé la reconnaissance explicite. C'est l'honneur du Recteur Deyon en 1985 d'avoir tenu à reprendre la définition explicite du statut particulier de l'allemand en Alsace telle que l'avait formulée l'université, à sa demande : " *Il n'existe...qu'une seule définition scientifiquement correcte de la langue régionale en Alsace, ce sont les dialectes alsaciens dont l'expression écrite est l'allemand. L'allemand est donc une des langues régionales de France* " (Deyon, 85, pp.9-10). Cette définition a d'ailleurs été reprise et adoptée en Moselle qui connaît, dans une moitié de son département, des variétés de francique, le francique mosellan et le francique rhénan. Elle sert donc de cadre aux programmes linguistiques mis en œuvre dès 1982, année de la première circulaire Savary sur l'enseignement des langues régionales, dans l'académie de Strasbourg et dans une partie de l'académie de Nancy-Metz. Cette interprétation du Recteur Deyon n'est cependant pas sans poser problème (Bothorel-Witz, 04), d'autant que la Circulaire rectorale du 20.12.1994 déplore " *un net recul de la dialectophonie chez le public des classes maternelles et élémentaires* " ce qui rend parfois problématique l'insertion du dialecte dans les cursus primaires. En 1989, seul un Alsacien sur trois transmettait son dialecte à son enfant s'il était né en Alsace. D'autres parents, n'ayant pas transmis le dialecte, souhaitent aujourd'hui que l'école le fasse, que l'école se substitue à eux en quelque sorte. Les classes bilingues paritaires en Alsace ont donc été ouvertes comme nouveau dispositif il y a plus de douze ans, dans le cadre de l'enseignement des langues régionales de France. Cet enseignement se base sur les définitions de la langue régionale proposées par des professeurs de l'université Marc Bloch de Strasbourg et confirmées par les recteurs successifs, celle du recteur Pierre Deyon en 1985 citée précédemment, ainsi que celle du recteur Jean-Paul de Gaudemar, en septembre 1991, plus complète : " *L'allemand présente en effet, du point de vue éducatif, la triple vertu d'être à la fois la langue écrite* ***et la langue de référence*** *des dialectes régionaux, la langue des pays les plus voisins et une grande langue de diffusion européenne et internationale* " (Gaudemar (de), 91). Ainsi l'allemand est-il présenté par les autorités sous trois aspects : celui des relations de parenté linguistique avec les dialectes parlés en Alsace, celui des relations transfrontalières et celui de la communication au sein de l'Europe en devenir. Cette définition rend mieux compte de la complexité des liens entre les dialectes et l'allemand standard, mais même à l'intérieur d'une pluralité de ces catégorisations (Bothorel-Witz, 04), elle ne parvient pas à cerner les représentations des locuteurs. Mais cette déclaration du Recteur de Gaudemar est clairement une prise de position dans le contexte d'une politique linguistique. Dans l'interprétation des autorités scolaires, l'allemand en Alsace occuperait aujourd'hui ces trois fonctions au niveau local, régional et international. L'allemand en tant que langue germanique peut de ce fait servir de tremplin à d'autres langues germaniques comme par exemple l'anglais. Des tentatives afin de démontrer les similitudes et faciliter l'apprentissage ultérieur entre les langues proches ne manquent pas, comme l'illustre l'ouvrage *L'anglais par l'alsacien* de Paul Adolf (Adolf, 96) qui établit des liens entre alsacien(s)-allemand et alsacien-anglais dans une sorte d'approche triple. Les liens de parenté affirmés, le problème reste néanmoins le suivant : " *S'agissant des pratiques et des usages linguistiques, le locuteur dialectophone alsacien est amené à faire un choix entre le français (dans ses différentes formes parlées) et le dialecte, l'allemand parlé n'ayant jamais eu d'existence sociétale en Alsace. En simplifiant la réalité, sans toutefois la travestir, on peut admettre que l'emploi du dialecte diminue en fonction du degré de formalité perçu, de sorte que " la maison " constitue l'espace d'utilisation privilégié du dialecte.* " (Bothorel-Witz, 00). A l'heure actuelle, le bilinguisme scolaire paritaire en Alsace concerne le seul enseignement bilingue français-allemand / langue régionale. Il n'y a pas de classe bilingue publique avec une autre combinaison de langues, contrairement aux choix plus étoffés pour l'enseignement extensif des L.V. ou quelques dispositifs bilingues spéciaux. Au vu de ce que nous venons d'expliquer, l'Alsace est un des exemples les plus complexes sur le territoire français illustrant l'imbrication d'une organisation scolaire adaptée à une région et ses habitants, mais tentant de respecter les règles de l'école de la République (sauf celle du monolinguisme), sur un fond de " *guérilla* " entre partisans et ennemis du bilinguisme en général, et ceux d'un bilinguisme dont la langue-cible serait le haut allemand et non pas les dialectes alsaciens. Le problème était de savoir comment et dans quelles proportions enseigner la langue nationale française, le dialecte alsacien (plus exactement les dialectes), et la langue officielle ou langue standard donc le haut-allemand (Huck, Laugel, Laugner, 99). La perception du statut des langues en Alsace a également changé au fil du temps. La **diglossie** formée par les dialectes et l'allemand standard a cédé la place dans un premier temps à une diglossie dialectes-français (Philipps, 96, pp.106-108), favorisée par le conseil donné aux parents d'utiliser préférentiellement le français. Puis, dans un deuxième temps, pour Philipps (Philipps, 96, p.118), deux facteurs importants ont favorisé le recul du dialecte non transmis par les familles et donné la primauté au français : le premier facteur est le développement de la scolarisation dès trois ans voire avant. Intégrés dans un milieu scolaire francophone, dans les premières classes bilingues datant des années 90, les enfants ne souhaitaient plus s'exprimer en dialecte. L'école a aussi joué un rôle dans le recul du dialecte ?[45] Passivement d'abord, en accueillant de plus en plus tôt l'enfant alsacien dans un enseignement donné préférentiellement voire uniquement en français. Depuis 1950, la loi sur le développement de la préscolarisation dans les communes rurales par la création d'écoles maternelles a connu une application accélérée en Alsace (Huck, 04). Ce développement s'est poursuivi entre 1960 et 1980, les Inspecteurs d'académie ayant à cœur de rattraper le retard pris en Alsace dans le domaine de la préscolarisation. C'est l'époque où, dans le cadre de la " carte scolaire " des moyens spécifiques sont attribués au Recteur pour l'ouverture de classes maternelles en zone rurale, en relation avec de projets de construction ou d'extension de bâtiments. Les Inspecteurs d'académie vont aussi accélérer – en particulier entre 1970 et 1990, les créations de regroupements pédagogiques intercommunaux (RPI), organisés avec l'aide financière des Conseils généraux. Ces RPI facilitent la création de classes maternelles grâce aux regroupements d'effectifs

[45] Passage inspiré de l'article (Morgen, 03) avec l'accord de l'auteur.

d'enfants issus de plusieurs communes. L'Etat finance les emplois d'enseignants, les Conseils généraux assurent la gratuité des déplacements. Le développement d'écoles maternelles va jouer un rôle important dans la généralisation du français, et dans le recul du dialecte en Alsace. Activement ensuite, en interdisant longtemps le dialecte à l'école et en déconseillant aux parents de le parler avec leurs enfants ou plutôt, en conseillant aux parents d'utiliser le français au sein de la famille (Philipps, 96, pp.106-108). Une telle recommandation joue en général contre les deux langues, contre la langue maternelle, bien entendu, mais aussi contre une bonne acquisition de la langue seconde. Celle-ci se fait en effet dans de mauvaises conditions, si les parents eux-mêmes maîtrisent mal la langue seconde ou si l'apprentissage de la L2 se fait sans relation avec la première ou joue contre elle. L'interdiction du dialecte n'a pas été vécue par tous les enfants : l'école urbaine avait précédé ce mouvement vers le français. De nombreux témoignages citent les punitions données ou les brimades subies par les enfants qui avaient employé un mot de dialecte. Des exemples de cette nature, il en existe d'autres (Morgen, 03). Le deuxième facteur qui va de pair avec l'attitude de l'école, selon Philipps, est la non-transmission du dialecte par les familles. Ce sont surtout les mères qui, face à une image de tradition, de passé et de non-modernité ne transmettent plus le dialecte (Huck, Bothorel-Witz, 03) pensant que la langue française, signe de modernité, est un meilleur garant pour la réussite sociale et scolaire de leurs enfants (Philipps, 96, p.118). Dès 1944, des familles qui avaient parlé le dialecte avec leurs enfants se tournent exclusivement vers le français. De nombreux témoignages indiquent le recul de la pratique dialectophone chez des enfants à l'entrée dès l'école maternelle. Pris dans un milieu social francophone, l'enfant ne souhaite plus s'exprimer en dialecte. Comme tout contact des langues, cela a mené à un certain conflit des langues avant que chacune ne retrouve sa fonction et son rôle (Cichon, 97). Le modus vivendi trouvé maintenant est : le dialecte alsacien pour l'oral ou pour une partie de l'oral, l'allemand standard pour l'oral et pour l'écrit (Schwengler, 00, p.78), aux côtés du français oral et écrit. Compte tenu de la régression du dialecte et des relations entre le code dialectal et le code standard, la langue de l'enseignement est majoritairement la forme standard de la langue régionale. Une enquête statistique du Rectorat de Strasbourg de 1993, " *situe en moyenne à 2-3% le nombre des enfants dialectophones dans les villes, petites villes et secteurs urbains. Ce taux s'élève cependant à 20-30% dans les zones rurales du Nord de l'Alsace ou de la bande rhénane, voire à 50% dans le Nord de la région* " (Morgen, 02, p.84). En majorité, ce sont les générations au-delà de quarante ans qui connaissent encore le dialecte. " *La demande d'enseignement bilingue est liée à un phénomène de non-transmission du dialecte : les familles demandent à l'école d'assurer la transmission qu'elles-mêmes n'ont pas assurée.*" Reste à savoir si la transmission de l'allemand standard à l'école suffit pour garder une place plus privée à l'alsacien, ou si les familles souhaitent refaire une place à l'alsacien en le voyant réintroduit à l'école à côté de l'allemand standard. L'une et l'autre opinion ont été exprimées, chacune ayant ses partisans. Devant le constat de la régression constante du dialecte alsacien (I.N.S.E.E., 02), l'Education nationale a fini par prendre parti dans la Circulaire rectorale du 20 décembre 1994 (Académie de Strasbourg, 94), en insistant sur le fait qu'il fallait privilégier le dialecte là où il était encore socialement ou scolairement présent. Dans l'enseignement bilingue, comme d'ailleurs dans l'enseignement " extensif " de la langue, le dialecte a sa place et nourrit l'approche de l'allemand standard. La circulaire rectorale du 20 décembre 1994 sur l'organisation pédagogique de l'enseignement bilingue décrit les multiples activités que le maître peut mener dans l'une des formes dialectales de la langue. La politique suivie est une politique de réalisme. Elle s'appuie sur une politique linguistique claire : le dialecte est une des formes orales, non écrite ou rarement écrite ailleurs que dans des textes littéraires écrits pour être oralisés (poésie, théâtre), d'une langue codifiée, l'allemand. Elle revalorise le dialecte dans la conscience régionale, rend aux Alsaciens la biculturalité qu'ils risquaient de perdre et qui s'appuie sur les deux langues en contact en Alsace depuis les Serments de Strasbourg. Même si la recommandation en faveur du dialecte est loin d'être appliquée, la répartition des rôles et des domaines d'intervention est claire (Schwengler, 00, p.78). Contrairement à ce que certains ont pu espérer, le développement de l'enseignement bilingue ne sauvera pas automatiquement le dialecte. Pour plusieurs raisons. D'abord, parce que la grande majorité de ces classes sont fréquentées par des enfants de familles où le dialecte a sauté une génération. Ensuite, parce que l'enseignement et la littéracie[46] se font dans les langues standards, en allemand et en français. Mais aussi, parce que beaucoup d'enseignants, comme leurs compatriotes, ont été marqués par l'image négative attachée au dialecte. Ces enseignants n'exploitent pas les possibilités offertes pour l'utilisation du dialecte, ni dans l'enseignement bilingue comme y invite la circulaire du 20 décembre 1994, ni dans l'enseignement de l'allemand par la circulaire du 20 juin 1995 (Académie de Strasbourg, 97, pp.67-68 et 92-93).

3.2.3. Les six principes de base

Une filière bilingue peut être choisie en Alsace dans trois cadres différents : au sein de l'Education nationale, c'est-à-dire dans l'enseignement public, dans des écoles privées avec et sans contrat, ainsi que dans une cinquantaine de classes associatives *A.B.C.M. – Zweisprachigkeit* (*Association pour le bilinguisme dès les classes maternelles*) dont 23 bénéficiaient en 2003-04 d'un contrat avec l'Etat. Historiquement, les premières classes bilingues en Alsace ont ouvert leurs portes dans le cadre de cette association en 1991 dans le département du Haut-Rhin, l'Education nationale ayant suivi l'année d'après avec la création de onze classes maternelles. L'organisation de l'enseignement bilingue publique relève des autorités scolaires qui s'efforcent, selon une juste répartition des moyens ou postes et des ressources humaines, d'assurer la cohérence territoriale d'un dispositif bilingue, et la continuité tout au long de la scolarité obligatoire. L'enseignement bilingue a été aménagé en Alsace (Académie de Strasbourg, 97) selon certaines des bases choisies par d'autres régions de France. Nous les présentons en six points.

---

[46] Maîtrise de la langue écrite et élaboration de nouvelles démarches en didactique de l'écrit, promues par le courant de recherche centré sur la littéracie / littératie, conception qui permet de repenser les questions d'enseignement apprentissage de l'écrit dans une perspective à la fois continue et socialement contextualisée. (Lidil, 03).

Principe de précocité - A la différence de l'enseignement traditionnel des langues, l'enseignement bilingue commence dès l'admission de l'enfant à l'école maternelle – c'est le **principe de précocité** (Morgen, 00b). D'autres enfants pourront être admis ultérieurement à un âge plus avancé à condition de posséder des bases en allemand, soit par leur contexte familial (bilinguisme naturel), soit par un séjour prolongé en pays de langue germanophone. Comme la composition des classes bilingues en Alsace avoisine les 90 % de francophones, notamment dans les villes, il n'est pas possible d'intégrer de nouveaux francophones à tout moment. De même, en raison de ce que nous avons développé dans les premiers chapitres, deux à trois années de maternelle sont nécessaires en début de scolarité afin que l'enfant intériorise cette nouvelle langue, qu'il n'entend généralement pas parler à la maison. Les enfants de trois ans sont encore en phase de construction de leur première langue L1. Il faut leur laisser le temps de rentrer dans la deuxième langue pour les compétences réceptives et productives, avant d'utiliser cette langue comme langue seconde et langue de transmission de savoirs disciplinaires dès le cours préparatoire. Une autre conséquence est liée à cette précocité : on trouve dans l'enseignement bilingue en Alsace plus de classes à double niveau que dans les classes monolingues. Cela s'explique en partie par la nécessité d'atteindre un certain seuil d'effectif pour l'ouverture d'une classe. Quand il n'y a pas assez d'élèves d'une classe d'âge, on complète alors par des élèves moins âgés. La deuxième raison est qu'on a constaté que l'entrée et la socialisation dans l'école maternelle à deux ou trois ans, en même temps que l'entrée dans une classe bilingue, demandait de grands efforts aux enfants. Se retrouver avec une partie de la classe qui est plus âgée parce qu'elle a déjà vécue cette première rentrée l'année d'avant, rassure en général les plus petits. Ils voient que d'autres enfants, et pas seulement la maîtresse ou le maître, parlent cette langue encore inconnue. Les autorités scolaires ont donc décidé d'ouvrir de préférence deux classes de petite et moyenne section, au lieu d'une classe de petite et une classe de moyenne section bilingue.

Principe de continuité tout au long de la scolarité obligatoire - L'ouverture d'un site bilingue dépend de la demande parentale et de la contrainte institutionnelle de répartition des moyens existants : c'est le **principe pyramidal** de l'enseignement bilingue (Morgen, 00b, p.48) : à une base élargie en maternelle qui constitue une structure de proximité, correspond un premier lieu de regroupement, celui de l'école élémentaire et un second, celui du collège. En Alsace, on appelle **site bilingue** une école avec au moins une classe bilingue la première année, deux classes dès la deuxième année puisque les enfants continueront leur scolarité dans l'enseignement bilingue, et ainsi de suite. En revanche, un site bilingue n'est pas une **école bilingue** : dans un site bilingue, il y a toujours des classes bilingues et des classes non-bilingues. Cela permet à un enfant présentant des difficultés en classe bilingue, de réintégrer une classe monolingue dans la même école. Dans une école bilingue par contre, tous les enfants suivent le même cursus. Chaque fois que l'Education nationale ouvre un nouveau site bilingue, elle s'engage à ce que les enfants puissent continuer leur scolarité bilingue : des sites bilingues paritaires de la maternelle à ceux des écoles primaires, puis par les filières bilingues des collèges, pour arriver aux sections *Abi-bac* des lycées. Mais, à partir du second degré, d'autres filières peuvent accueillir les enfants bilingues de l'école primaire, celles-ci ne sont pas nécessairement "paritaires", mais néanmoins bi- ou trilingues.

Principe de parité des langues - La base de l'enseignement bilingue public reste la parité des langues affirmée dans la circulaire *Modalités de mise en œuvre de l'enseignement bilingue à parité horaire* (Académie de Strasbourg, 01). Les écoles bilingues publiques en Alsace proposent, comme les sites bilingues dans les écoles publiques d'autres régions (Pays basque, Corse, Occitanie etc.), un **enseignement paritaire**, des langues, chacune ayant à sa disposition la moitié des heures de cours. La raison essentielle en est que l'apprentissage des deux langues se renforce et permet des transferts, comme chez les bilingues naturels. Contrairement à une conception naïve du bilinguisme / plurilinguisme selon laquelle aucun transfert d'une langue à l'autre ne paraît possible, on se base en Alsace sur **l'hypothèse de l'interdépendance entre les langues** de Cummins (Cummins, 79). Suivant cette hypothèse souvent désignée comme " la double théorie de l'iceberg ", deux langues L1 et L2 peuvent être très différentes en surface, alors qu'elles reposeraient en fait sur des processus cognitifs identiques, une compétence sous-jacente commune (*common underlying proficiency* = CUP). Il n'est pas question d'éliminer complètement une des deux langues du cursus scolaire, même pour un temps limité. L'objectif d'une " *bilingualité équilibrée* " précisé par la circulaire rectorale du 20 décembre 1994 indique bien ce qu'on recherche : l'équilibre entre les deux langues, les deux méthodes d'enseignement, les disciplines qu'ils présentent, les deux enseignants en **tandem**. Le français progresse davantage avec l'allemand en complément, et inversement. Les sites paritaires 13 / 13 pratiquent une immersion partielle, car la langue étrangère n'est plus considérée comme seul objet d'étude mais devient langue véhiculaire pour l'acquisition de savoirs disciplinaires.

Principe de volontariat des élèves et des enseignants – La liberté de choix de l'enseignement bilingue appartient aux familles. C'est une offre des autorités scolaires alsaciennes, mais non une obligation pour les parents comme par exemple au Luxembourg. L'enfant peut quitter la filière bilingue à tout moment de sa scolarité. Les enseignants bilingues sont également volontaires. Les plus anciens d'entre eux ont suivi une formation bilingue complémentaire et optionnelle, les plus jeunes se sont présentés à un concours spécial de recrutement des professeurs des écoles chargés d'un enseignement de langue régionale ouvert depuis 2002. Ces enseignants bénéficient dorénavant d'un statut particulier, les autorisant à postuler sur des postes à profil bilingue. Cependant, ils peuvent également demander leur mutation dans un site monolingue ou changer d'académie, s'ils le souhaitent. Il est à déplorer à l'heure actuelle que les enseignants en français - le "tandem français"- ayant en charge 13 heures de l'enseignement, ne soient pas toujours volontaires. Aucune formation initiale à leur intention n'est d'ailleurs mise en place à ce jour à l'I.U.F.M., seules sont proposées quelques places de stages de formation continue.

Principe une personne - une langue, ou un maître - une langue - Concrètement, il s'agit d'utiliser un principe qui avait parfaitement fonctionné avec l'expérience Delaunay des années 60 (Delaunay, 73) selon lequel un enseignant est associé à une langue. En Alsace, un maître assure 13 heures d'enseignement dans une des deux langues (français ou langue régionale) par classe, et son collègue assure les 13 autres heures. Autrement dit, la classe travaille régulièrement avec deux enseignants, c'est le principe **d'un maître – une langue** ou **une classe – deux maîtres**. Par exemple, l'enseignement en allemand, langue régionale a lieu tous les matins, et celui en français tous les après-midi. Les enfants arrivent à structurer leur apprentissage en fonction du temps de la journée et de l'enseignant présent. Cependant, pour les écoles maternelles, l'alternance par demi-journée est difficile à appliquer si elle n'est pas croisée sur 2 journées. Comme beaucoup d'enfants font encore la sieste en petite et moyenne section, ils seraient alors absents d'un nombre trop important de cours et cela pénaliserait une des deux langues, par exemple si l'allemand était toujours l'après-midi et jamais le matin. Pour que l'immersion partielle soit efficace, il faut un minimum d'exposition de façon régulière. La solution privilégiée, surtout quand les enseignants sont affectés dans deux écoles, est alors celle avec deux journées entières en français par semaine, et deux journées en allemand, en alternance. Pour les classes ayant cours le samedi matin, c'est alternativement l'un ou l'autre enseignant avec 'sa' langue : par exemple lundi, jeudi allemand toute la journée, mardi et vendredi français, samedi matin une semaine sur deux. Dans la circulaire ministérielle n° 2001-167 du 5 septembre 2001 portant sur les *Modalités de mise en œuvre de l'enseignement bilingue à parité horaire* (B.O. n°33 du 13-09-2001, art.7) fixant les conditions - cadre d'un enseignement bilingue paritaire, la possibilité a été donnée qu'un enseignant prenne en charge une seule classe bilingue pour la totalité des enseignements. Cette disposition est contraire au principe appliqué en Alsace, "une personne - une langue", issu du bilinguisme familial, afin d'éviter les risques de mélange chez les enfants[47]. En Bretagne, l'académie a donné priorité, pour des

[47] Il existe des régions où il est possible de travailler selon le principe "un maître- deux langues", ou "un maître- trois langues". Mais ce sont des

raisons culturelles, au principe " un maître, deux langues ". L'enseignant enseigne alors les deux langues dans sa classe, pour 13 h chacune, s'il s'agit de l'enseignement paritaire. C'est en même temps une chance et un défi : une chance parce que l'enseignant est libre d'organiser ses enseignements. Il n'a pas de temps à investir dans les concertations avec les collègues, et il peut faire une langue par demi-journée, ce qui garantit une immersion partielle plus régulière que dans le dispositif alsacien dans le cas d'une répartition par journée et langue. Pour ses préparations par contre, il ne peut pas se contenter de se chercher des documents dans une langue, mais dans deux. Le défi réside dans le volume horaire. Les recherches concernant les six heures d'allemand en expérimentation avant la généralisation du dispositif 13 / 13 montraient que les enseignants avaient tendance à utiliser davantage la langue maternelle des enfants car elle était comprise plus facilement, au détriment de la langue-cible (Huck 95 ; Morgen, 00a ; Geiger-Jaillet 04a). Au fur et à mesure qu'on avançait dans l'année, l'immersion partielle n'était plus garantie. Vu le manque de relève du bilinguisme scolaire dans la famille et dans la société, il n'est pas sûr que cela n'aboutisse pas à un affaiblissement du dispositif. Les enfants n'ont plus le repère lié à la personne, mais uniquement celui du temps - qui est moins fort - surtout pour les petits (exemple : le lundi matin, le maître parle en breton).

Principe d'instrumentalité des langues - Si chacun des deux enseignants assure la moitié des 26 heures hebdomadaires de cours, ils vont avoir à se répartir entre eux les disciplines ou les chapitres à l'intérieur des disciplines. En maternelle, toutes les activités sont alternativement faites en allemand ou en français. Dès l'école primaire, les mathématiques et les sciences et technologies sont enseignées en allemand, alors que l'histoire-géographie et l'éducation civique sont enseignées en français. L'éducation

---

petits pays ou régions qui doivent communiquer très tôt dans une autre langue internationale que leur langue nationale, comme au Luxembourg par exemple (luxembourgeois, allemand, français sont les langues obligatoires dans l'ordre de leur apparition dans la scolarité obligatoire).

physique, la musique et les arts plastiques sont enseignés tantôt en allemand, tantôt en français, en fonction du thème traité et des compétences des deux enseignants de la classe. Les deux langues servent **d'instrument de communication** et de transmission de savoirs, avec une **séparation fonctionnelle des langues**. L'allemand est comme le français objet de cours, mais les deux langues sont également langues de cours (langues véhiculaires), on parle d'enseignement de et dans la langue 2. Ce principe d'instrumentalité est basé sur le fait que le cerveau humain ne s'approprie de façon optimale une langue qu'en l'employant, c'est-à-dire en se livrant à toutes sortes d'activités dans la langue et en l'utilisant notamment comme moyen d'acquisition de connaissances (Petit, 01b). L'enseignement dans la langue prime donc sur l'enseignement de la langue. Ce dernier n'est évidemment pas proscrit, mais il n'apparaît et ne se développe pleinement que postérieurement à l'acquisition intuitive par les stratégies naturelles et inconscientes. Par conséquent, la langue à acquérir doit être abordée non pas de façon frontale et grammaticale, mais de façon instrumentale.

3.2.4. Quelques chiffres

Une filière bilingue peut être choisie en Alsace dans trois cadres différents. Actuellement, plus de 10600 élèves suivent un enseignement bilingue paritaire dans le public, auxquels s'ajoutent environ 1000 élèves scolarisés dans les classes " associatives " gérées par A.B.C.M. (*Association pour le bilinguisme dès les classes maternelles*). Voici les chiffres détaillés dans l'enseignement public, privé sous contrat et hors contrat : - 171 écoles maternelles et élémentaires avec 420 classes pour un total de 9506 élèves en 2001-02 (M.A.E.R.I., 02), ce qui fait en 2003-04, 4,8% des effectifs d'école primaire en Alsace (5402 élèves) et 7,8% (5197 élèves) des effectifs de maternelle. - dans des classes associatives et confessionnelles sous contrat avec l'Education nationale, un total de 562 élèves (M.A.E.R.I., 03) fréquente des classes bilingues. Dix classes d'établissements privés ou confessionnels accueillent ainsi 213 élèves ; 11 classes associatives A.B.C.M. sous contrat en accueillent 206. - dans des classes associatives et confessionnelles hors contrat avec l'Education nationale, qui totalisent plus de 515 élèves dans 31 classes (classes d'établissements confessionnels et classes A.B.C.M. hors contrat). Une liste, incomplète, sans doute, des écoles maternelles et primaires 13 / 13 figure sur le site de l'I.U.F.M., dans la partie Centre de formation aux enseignements bilingues (C.F.E.B.)[48]. Selon le principe pyramidal, l'Académie de Strasbourg dispose pour l'enseignement public de 180 classes maternelles, 160 classes primaires, 55 classes de collège et 17 classes de lycées. Pour le second degré il ne s'agit cependant pas de classes entières, mais de sections bilingues à l'intérieur d'une classe. En 2002-03, les premiers élèves toujours scolarisés dans la voie bilingue depuis la maternelle, ont atteint les six premiers lycées de l'académie avec sections bilingues. Une majorité de ces élèves suit le cursus *Abibac*.

3.2.5. Les difficultés

Il est à présent possible, après une douzaine d'années de recherche sur le terrain en Alsace, de mettre en évidence les aspects positifs de l'enseignement bilingue. Cependant le tout n'est pas sans poser problèmes et sans conséquences éventuellement négatives.

Problèmes de nature méthodologique et linguistique - Les compétences des enseignants encore dialectophones ne sont pas toujours utilisées de façon efficace, l'utilisation du dialecte par rapport à l'allemand n'est pas clarifiée. Beaucoup d'enseignants ont été marqués par l'image négative attachée au dialecte. Souvent en situation de mobilité à l'intérieur de la région, ils ne savent pas évaluer le degré de dialectophonie de leurs élèves qui parlent un dialecte différent du leur et se sentent en difficulté pour utiliser un dialecte qui ne correspond pas tout à fait à celui de la localité. Ces enseignants ont par conséquent du mal à exploiter les possibilités offertes par le recours au dialecte. La difficulté pour le maître est de pratiquer le dialecte dans sa classe, dans des activités qui se cantonnent à l'oral, avec des enfants qui ont en général plus des

[48] http://www.alsace.iufm.fr/web/connaitr/tout_cfeb.htm

compétences réceptives (compréhension) que productives du dialecte (parler). La gestion de la diversité du public, au sein duquel se trouvent aussi, dans certaines zones précises du territoire, des germanophones natifs, enfants de familles allemandes installées en Alsace, est délicate. Une évolution se dessine cependant, comme en a témoigné un colloque sur l'allemand, langue régionale en Alsace, en mars 2003 (Colloque I.U.F.M., 03). Des enseignants utilisent au mieux les ressources littéraires et patrimoniales : pour éviter de cantonner le dialecte dans une sphère folklorique, ils sentent le besoin d'un usage instrumental du dialecte dans des activités fonctionnelles, dans le sens de ce qu'on appelle ailleurs E.M.I.L.E., à savoir l'enseignement d'une matière par l'intégration d'une langue étrangère. Une autre question va de pair : celle de la place et du rôle des parlers dialectaux et de la manière dont les enfants dialectophones apprennent l'allemand. " *Pour les maîtres, il s'agit d'une place implicite, pour les enfants d'une place floue au point qu'ils ont parfois du mal à distinguer parler dialectal et allemand standard.* " Trois pédagogues et chercheurs ont tenté de répondre à ces questions dans *L'élève dialectophone en Alsace et ses langues* (Huck, Laugel, Laugner, 99, p.9), en partant d'une description contrastive dialectes / allemand vers une approche méthodologique. La deuxième difficulté concerne l'immersion comme méthode d'apprentissage. La circulaire n° 2001-167 du 5 septembre 2001 (B.O. n°33 du 13-09-2001) sur la mise en œuvre de l'enseignement bilingue par immersion dans les établissements " langue régionale " prévoyait une augmentation possible - à plus de 50 % des horaires-, de l'immersion des enfants en langue étrangère. Les syndicats ont porté plainte devant le conseil d'Etat (Guiber, 01), et le texte a été annulé malgré les nuances et modifications apportées par le ministère. Pour l'Education nationale, le texte était révolutionnaire, mais il ne faisait finalement qu'officialiser ce que pratiquaient déjà quelques écoles privées ou associatives. Par exemple quelques écoles A.B.C.M. en Alsace enseignent en immersion partielle 13 h en allemand, 10 h en français et 3 heures en alsacien depuis deux ans. Les écoles *Diwan* en Bretagne pratiquent même l'immersion précoce totale (26 heures hebdomadaires), en faisant tous les cours en breton à l'école maternelle durant deux ans, avant d'introduire le français à partir de la deuxième année de l'école élémentaire (CE1). Comme nous l'avons dit dans la première partie du livre, les recherches ne sont pas unanimes sur le taux d'immersion le plus efficace. Les systèmes scolaires bilingues sont trop différents pour qu'on puisse vraiment analyser cette variable, d'autant plus que la place de la langue 2 change considérablement dans chaque société. En Alsace, le dialecte n'est pas spécialement favorisé en public, ni nécessaire pour obtenir un poste, alors qu'au Luxembourg, le dialecte, érigé en langue nationale en 1984, est omniprésent dans la vie publique. Augmenter de quelques heures le taux d'immersion ou non est moins un acte basé sur des arguments linguistiques que sur des arguments politiques, idéologiques, corporatistes, etc. La dernière interrogation concerne la part de l'allemand dans l'enseignement bilingue en Alsace. Avec 90% d'enfants francophones dans les classes bilingues urbaines, il faut se poser la question de savoir si un enseignement bilingue paritaire est encore la réponse adéquate aux besoins des enfants, ou s'il ne faut pas augmenter la part de l'allemand à l'école, en sachant que le français est encore suffisamment fort comme langue dominante et langue de l'environnement. Augmenter la part de la langue régionale sous ses formes standard ou dialectale paraît une solution à recommander, à condition de continuer à utiliser le français pour favoriser la structuration de la langue orale puis plus tard écrite ; l'expérience prouve que toutes les familles ne sauraient pas, dans ce cas de figure, favoriser la découverte de la langue écrite ou n'en auraient pas le temps. C'est la raison pour laquelle le principe de Ronjat-Grammont, une personne parlant une langue à l'enfant et servant ainsi de référence, n'est plus en vigueur partout. Il devait initialement garantir l'équilibre horaire entre l'enseignement en français et celui en allemand et permettre à l'enfant d'identifier chaque locuteur. La parité horaire facilitait de plus l'organisation des enseignements par demi-journées ou par journées. Mais devant le manque d'enseignants bilingues, le "*fait d'offrir à des enseignants la possibilité de conserver la même classe pendant tout le service a permis de trouver des volontaires supplémentaires pour l'enseignement bilingue. En effet, cette mesure évite la concertation, parfois délicate, entre l'enseignant en allemand et celui en français, et confère à l'enseignant la maîtrise pédagogique sur l'ensemble des activités de la classe.* " (Marchal, Colinet, 04, p.236). Actuellement, les premiers cas de figure existent : dans une même école, le dispositif un maître – une langue est mis en place pour un certain nombre de classes, alors que pour les autres s'applique le principe un maître – deux langues. Ce n'est pas faciliter la tâche aux enseignants, au directeur et aux autorités scolaires quand il faut expliquer le dispositif bilingue et ses principes aux parents lors de réunions d'informations par exemple.

Problèmes de nature pédagogique et didactique - Le matériel élaboré n'existe pas toujours pour toutes les disciplines et tous les cycles. L'utilisation de matériel allemand authentique, sorti de son contexte éducatif, pose problème. Rappelons que les classes bilingues alsaciennes suivent le programme national français, mais en allemand. Aucun programme spécifique pour l'enseignement de la langue allemande en classe bilingue paritaire n'existe d'ailleurs, plus de 12 ans après l'ouverture des premières classes. Sauf au Lycée franco-allemand de Buc et dans les sections *Abi-bac,* l'Education nationale n'a pas voulu installer de dispositifs bilingues avec un programme autre que celui de l'Education nationale. Mais dans ces structures, il s'agit d'une adaptation des programmes de disciplines autres que la langue, en particulier l'histoire-géographie. Dans les classes bilingues du premier et du second premier degré, tout est à inventer dans le domaine d'un enseignement de l'oral et de l'écrit en parallèle à celui du français. Les programmes existent pour le français (découverte et apprentissage raisonné de la langue), mais non pour l'allemand[49]. Les seuls établissements suivant des programmes conjoints franco-allemands comme l'école Saint Etienne à Strasbourg sont des écoles privées. Les enseignants bilingues du premier degré sont

[49] En fait, ce programme a été rédigé, non pas pour protéger le français, mais à cause des difficultés de repérage et d'appréciation des besoins et des niveaux des élèves. Les remous rétrospectifs créés par la formulation pourtant prudente des objectifs linguistiques dans la circulaire du 20 décembre 1994 sur « les objectifs pédagogiques de l'enseignement bilingue » montrent la difficulté de cerner les compétences à atteindre !

recrutés depuis 2002 par un nouveau concours spécifique, dit de langues régionales. A l'I.U.F.M. d'Alsace, l'accent est mis sur la formation des disciplines en allemand mais selon le programme national français. Cette formation n'est pas une formation complémentaire comme dans les autres I.U.F.M. de France, mais une formation initiale qui remplace la voie générale des professeurs polyvalents français. Ces enseignants sont qualifiés prioritairement pour l'enseignement en allemand, selon le choix de l'établissement de formation, choix dont la pertinence a été soulignée par le recteur, même si en principe, le diplôme d'un professeur des écoles est valable sur tout le territoire national.

Problèmes de nature administrative - Le seuil d'ouverture d'une classe pose parfois problème pour les classes bilingues en Alsace, l'entrée en voie bilingue pouvant se faire à l'entrée en maternelle, en petite, moyenne ou grande section. En Alsace, le seuil minimal d'ouverture d'un cursus bilingue est de 15 élèves pour une école maternelle. La séparation des compétences entre l'Etat et les collectivités territoriales fait que ce qui relève des infrastructures et du matériel, est pris en charge par la commune alors que tout ce qui relève de la pédagogie est du domaine exclusif de l'autorité de l'Etat. Mais si la commune n'est pas en mesure de proposer une salle de classe pour y installer une classe bilingue, l'Education nationale ne peut la créer comme elle en avait l'intention. Parfois des communes refusent l'implantation d'une telle classe sur leur territoire. Quand on sait l'importance d'une immersion précoce dans le dispositif bilingue, on peut comprendre le désarroi de certains parents. Les deux arguments - le local est à la charge des communes, la fixation du seuil d'ouverture relève de l'autorité scolaire – s'amalgament et créent des confusions dans l'esprit des usagers. Pour pallier à ces dysfonctionnements possibles, la mise en place d'un réseau conçu pour couvrir l'ensemble du territoire permettrait de rendre l'enseignement bilingue accessible à tous sans qu'il soit question de revenir sur les principes d'égalité républicaine, bien au contraire. Mais, au risque d'enflammer des débats sur l'égalité républicaine des élèves et des enseignants, il faut se poser la question du statut des enseignants bilingues. Etre enseignant bilingue, demande à notre avis plus d'investissement que d'être enseignant en classe monolingue. Un temps de concertation entre les deux "tandems français" dans le cas où l'enseignant bilingue est à mi-temps dans deux classes différentes pour l'allemand, est nécessaire. Ensuite, dans le cas de l'allemand bilingue en Alsace, la production du matériel pédagogique est encore largement laissée à l'initiative des enseignants, alors que les enseignants monolingues disposent de séries complètes de manuels pour tous les cycles et toutes les disciplines. Dernière contrainte : un enseignant qui enseigne 13 ou 26 heures dans une langue seconde, doit se former de façon plus régulière qu'un enseignant monolingue, c'est en cela qu'il dépasse la polyvalence du professeur d'école non bilingue. Il est important, en tant qu'enseignant bilingue, de s'exposer à intervalles réguliers à un bain linguistique. Pour l'enseignant titulaire, la mise à niveau linguistique peut se faire lors de stages de formation continue, mais également sur initiative personnelle, en allant dans le pays de la langue-cible pour des visites ponctuelles ou des séjours plus ou moins prolongés. A force d'enseigner dans un cycle1 avec un vocabulaire et des structures syntaxiques forcément limités, l'enseignant risque de régresser dans son niveau linguistique de L2, surtout s'il n'utilise pas cette langue dans d'autres situations plus informelles que celles du cadre de la classe (en salle des maîtres par exemple).

Problèmes de continuité - L'Alsace a mis l'accent sur la continuité des apprentissages linguistiques commencés dès la maternelle, ce qui est un facteur de réussite. Cependant, entre l'offre proposée par les autorités scolaires et la demande des familles, il y a parfois un écart important. En fait, l'apprentissage précoce de l'allemand pose quelques problèmes : manque de maîtres formés surtout pour l'enseignement extensif, continuité pédagogique aléatoire entre l'école et le collège vue la variété des parcours proposés. Même si la demande de bilinguisme ne cesse de croître, surtout pour le premier degré, il ne faut cependant pas négliger les abandons de la langue allemande dès l'arrivée en 6e. Ce sont les enfants issus des filières d'allemand extensif 3 heures plutôt que ceux des cursus bilingues, mais la perte est quand même préoccupante. Au bout de quelques années d'apprentissage précoce, on constate un effet de lassitude chez les enfants et leurs parents. L'entrée en sixième est alors le déclencheur pour choisir autre chose. La variété des parcours offerts à l'entrée dans le second degré, notamment en Alsace, déconcerte les parents qui se rallient aux choix les plus classiques, à savoir LV1 anglais. Certaines familles sont découragées à l'avance de voir leur enfant déjà avancé en allemand, scolarisé dans des classes avec des débutants ou des faux-débutants en allemand. Autrement dit, les élèves issus des sites paritaires en Alsace devraient se retrouver dans un groupe d'allemand performant, et ne pas simplement suivre l'allemand destiné aux élèves issus de l'initiation précoce d'une langue vivante étrangère prévu sur le plan national : un tel regroupement décourage les meilleurs, mais aussi les moins bons (Porcher, Groux, 98, p.70), et contribue encore à l'image de marque de l'allemand "langue difficile". Quand les parents connaissent à l'avance cette composition des groupes, il n'est pas rare qu'ils fassent choisir l'anglais comme LV1 au collège, provoquant ainsi la même démotivation chez ceux qui ont fait de l'anglais pendant 2 ans à l'école primaire et qui se retrouvent en sixième avec des débutants complets en anglais. D'autres parents constatent que l'effort pour motiver leur enfant scolarisé en classe bilingue, par exemple par des sorties culturelles ou de simples loisirs en Allemagne, est lourd à assumer. Ce n'est pas un soutien scolaire en allemand que l'on demande aux parents d'élèves scolarisés dans les cursus bilingues, mais de motiver leurs enfants et d'avoir une attitude positive envers la langue et l'autre culture. Certains parents, habitués à ce que l'école s'occupe de tout, ne souscrivent pas à un tel engagement familial ou ne souhaitent pas s'engager à accompagner le projet bilingue de l'école. Afin d'éviter des pertes d'effectifs et ne pas décourager d'éventuels candidats, l'école hésite à insister sur cet engagement des parents lors des réunions de parents d'élèves : il aurait mieux valu être plus clair avec eux. Un système d'enseignement bilingue scolaire, quel qu'il soit, ne peut remplacer le rôle que les parents et les familles doivent jouer de leur côté dans un projet linguistique.

3.3. Le rôle des parents dans l'accompagnement de l'enfant

Dans des systèmes scolaires peu centralisés, comme en Grande-Bretagne ou aux Etats-Unis, mais également en Allemagne, l'influence des parents est plus grande qu'en France. Néanmoins, au cours des trente dernières années, les droits des parents d'élèves ont été reconnus et précisés en France : représentation dans les conseils, information sur les objectifs pédagogiques, élaboration des règlements. C'est ainsi que la loi d'orientation de 1989, et le décret de 1990 ont fait d'eux des "membres" à part entière "de la communauté éducative". La *Semaine des parents à l'école* constitue aussi un moment privilégié destiné à favoriser le dialogue entre l'école et les familles. Etre parent est devenu une véritable profession, comme le montre le guide rédigé sous la direction d'Alain Bentolila (Bentolila, 00) qui nous emmène de la famille vers l'école et de l'école vers la société. Malheureusement, l'école reste encore largement accaparée par sa mission d'instruction sans être vraiment capable de faire un pas vers ce qui devrait être sa mission éducative. Les parents gagneraient à participer à cette mission, parce que l'éducation est la responsabilité conjointe de l'école et de la famille, d'après Migeot-Alvaredo (Migeot-Alvaredo, 00). A ce titre, le droit de participation à la vie scolaire, que les parents peuvent exercer, soit individuellement, soit par leurs représentants aux conseils d'école, aux conseils d'administration des établissements publics locaux d'enseignement et aux conseils de classe, leur a été reconnu. Les parents figurent de fait parmi les acteurs principaux d'une scolarité, qu'elle soit monolingue ou bilingue. Mais leur besoin d'être rassurés par l'école est peut-être plus grand, lorsque leur enfant fréquente un enseignement bilingue. C'est la raison pour laquelle dans le contexte anglo-américain, un guide pour le bilinguisme pour parents et enseignants a vu le jour en 1995 par Colin Baker (Baker, 95). La participation des parents au fonctionnement du service public d'éducation s'effectue principalement en France par l'intermédiaire d'associations de parents d'élèves (A.P.E.) dont l'objectif est la défense des intérêts moraux et matériels des parents d'élèves. Ces associations participent aux différents conseils pour lesquels les parents d'élèves peuvent élire des représentants, interviennent auprès de l'administration et peuvent intervenir dans les activités extrascolaires. Les parents organisés en associations de parents d'élèves (pour le public : F.C.P.E., F.N.A.P.E., F.N.E.P.E., P.E.E.P., U.N.A.A.P.E., puis U.N.A.P.E.L. pour l'enseignement privé) ont des représentants élus qui siègent au conseil d'école, instance qui approuve le projet d'école. Leur présence au sein du conseil d'école leur garantit une première marge de manœuvre, celle d'intervenir en faveur d'un projet d'école pour qu'il mette l'accent sur les langues et qu'il crée de bonnes conditions d'apprentissage. Les parents, consciemment ou non, créent chez leur enfant des motivations, notamment celles d'apprendre. Un enfant qui voit ses parents s'impliquer dans le cadre scolaire se sent beaucoup plus motivé, d'où l'intérêt de devenir délégué de parents d'élèves et de participer à l'élaboration du projet d'établissement. Aux enseignants de favoriser le dialogue avec les parents. Dans une classe bilingue, les parents ont encore davantage besoin de comprendre le rôle de l'école et ses méthodes, surtout s'ils ne maîtrisent pas eux-mêmes la langue-cible choisie pour l'enseignement bilingue. Il faut leur expliquer le fonctionnement externe (les horaires, l'alternance de plusieurs maîtres s'il y a lieu, le matériel utilisé en langue étrangère, l'utilisation de cassettes vidéo en langue étrangère pendant la pause de midi s'il pleut, etc.), mais aussi le fonctionnement interne (comment l'enfant construit ses savoirs, comment il va passer d'une langue à deux) et leur présenter les objectifs de chaque année et de chaque cycle, le rôle des interactions et des différents intervenants dans la classe, l'aide à apporter à la maison. La généralisation de l'apprentissage d'une langue étrangère dès le cycle 3 en France, parfois avant, offre des occasions aux parents natifs d'une langue autre que le français d'être utiles à la classe. Le contact humain et personnel étant très important dans la mise en place d'un échange ou d'une correspondance scolaire, ils peuvent par exemple accompagner une classe dans leur pays d'origine, proposer du matériel authentique à l'enseignant, offrir une dimension culturelle, créer des contacts avec des classes du pays de la langue-cible. Ce sont là des propositions valables pour l'apprentissage précoce prévu dans le dispositif une à trois heures hebdomadaires. Nous ferons maintenant quelques propositions en direction des parents pour accompagner la scolarité bilingue de leur enfant.

A faire pour son enfant – En reprenant certains des éléments proposés par Porcher et Groux (Porcher, Groux, 98, pp.118-119) le rôle des parents dans une scolarité bilingue consiste à : a)

Développer et entretenir la motivation de leur enfant pour le cursus bilingue fréquenté et, en particulier, pour la langue choisie. b) Favoriser le contact avec la langue étrangère apprise et de façon plus globale, avec n'importe quelle langue étrangère. c) Encourager les voyages et les séjours linguistiques. Pourquoi ne pas découvrir le pays de la langue que vous avez choisie pour votre enfant, lors d'un déplacement familial, pendant les vacances ? e) Se procurer des cassettes vidéo ou DVD, quelques-unes suffisent pour le début. Pour la structuration de son apprentissage, il vaut mieux que l'enfant ne regarde qu'un nombre très limité de cassettes, mais qu'il les regarde souvent (à la maison). Quand il aura l'impression d'avoir tout compris, il demandera de lui-même une autre cassette. f) Inciter à regarder la télévision en langue étrangère, ce qui demande un meilleur niveau de compréhension de départ que pour les cassettes vidéo, puisqu' aucune répétition n'est possible en direct. La télévision est plutôt adaptée à des enfants d'âge primaire ou à des bilingues de naissance. Certains pays comme l'Allemagne ont une excellente télévision éducative[50] avec des dessins animés comme *Benjamin Blümchen*, des documentaires *Die Sendung mit der Maus*, des émissions pour les enfants comme *Die Sesamstraße*. On peut consulter Internet pour connaître les programmes et les chaînes. g) Familiariser les enfants avec des cédéroms et des jeux éducatifs. Pour l'allemand, plusieurs séries existent, à chaque fois autour d'un ou deux personnages : *Peter Löwenzahn*, *Pettersson und Findus* (Oetinger), *Der Ballonfahrer Oscar* (Tivola), *Max* (par exemple *Max auf dem Mond* pour les 4-10 ans), *Max und Marie* (Tivola). En anglais, *English Games* (Longman) est apprécié des enfants francophones, ainsi que *Human body* (6-10 ans) chez Dorling Kindersley. h) Trouver un correspondant dans l'autre pays, surtout si la classe n'entretient pas de correspondance scolaire. Des contacts individuels sont possibles à travers des associations comme celle des enseignants d'allemands A.D.E.A.F.[51] ou l'Office franco-allemand pour la jeunesse. i) Encourager son enfant, même pendant le cycle de l'école primaire,

---

[50] *ARD-Kinderkanal* (chaîne de télévision pour enfants).

[51] http://www.ac-nancy-metz.fr/enseign/allemand/adeaf/

à passer jusqu'à six mois dans une famille dans un pays européen, et accueillir au retour le petit camarade de l'autre pays. Pour des enfants autonomes, c'est un vrai bain linguistique profitable. j) Favoriser les rencontres entre son enfant et des locuteurs natifs de la langue apprise, en inscrivant son enfant à des activités périscolaires dans cette langue ou dans un club, là où de telles activités existent.

Influence des parents en direction de l'école – a) " *Exercer leurs droits d'initiative pour faire en sorte que l'institution éducative opère les transformations indispensables en son sein* " (Porcher, Groux, 98, p.119), et notamment en faveur d'une bonne articulation entre l'enseignement primaire et secondaire. b) Encourager des initiatives au niveau de la classe et de l'école, les excursions, les classes de découverte. c) Demander la présence de lecteurs natifs ou d'assistants de langue étrangère natifs dans les établissements. Leur nombre théorique a certes été considérablement augmenté les dernières années, mais celui des candidats réels n'a pas suivi. Les assistants étrangers ont un contrat de six à neuf mois, dans un seul établissement ou partagé entre deux établissements. d) Soutenir la création d'une chorale en allemand, d'un groupe de théâtre en anglais etc. au sein de l'école. e) Veiller à ce que l'école dispose d'équipements technologiques et multimédias, par exemple pour regarder des films en langue étrangère. Les dernières nouveautés sont des appareils et des cassettes qui permettent une lecture soit avec un sous-titrage en français soit dans la langue d'origine, ce qui peut avoir un certain intérêt pour des grands classiques du film de niveau collège. On peut demander la sélection des films à l'ADAV[52]. f) Encourager une correspondance scolaire avec la classe. g) Encourager les enseignants à diffuser des informations concernant les échanges, par exemple le "programme Voltaire" (Office franco-allemand pour la jeunesse) qui permet d'effectuer un séjour de 6 mois à l'étranger dans la famille d'un correspondant allemand (niveau seconde en France), suivi de l'accueil du lycéen étranger pour six

[52] Ateliers diffusion Audiovisuelle ADAV, 41 rue des Envierges, 75020 Paris, http://wwww.adav-assoc.com

mois en France. Les deux jeunes se côtoient pendant un an. En 2003, plus de 250 jeunes Français ont profité de cette opportunité. Mais les statistiques du réseau AFS *Vivre sans frontières*[53] montrent que la France n'est pas le pays le plus représenté dans ces échanges, parce que les familles françaises prennent très au sérieux les programmes scolaires et veulent éviter un "retard" à leurs enfants. Un jeune qui voudrait passer un an à l'étranger après son bac, verrait ainsi diminuer ses chances pour rentrer dans une "classe préparatoire" par exemple. Le programme E.S.S.E. (*European Secondary School Student exchanges*) permettait entre 1998 et 2003 le placement de jeunes gens entre 16 et 18 ans pour un séjour de 3 mois dans un pays non limitrophe, avec un partage de la vie de famille et une réintégration scolaire sans interruption, le tout financé par des bourses du Conseil de l'Europe qui sélectionnait les candidats. Le programme n'a malheureusement pas été renouvelé. Le réseau "lien et échanges scolaires" du Conseil de l'Europe poursuit ses efforts dans cette voie (*NSLE Network on school links and exchanges*). On peut également s'adresser au *British Council* pour trouver des partenaires pour des échanges scolaires ou des correspondants.

Nous poursuivons par quelques conseils aux parents plus particulièrement en situation frontalière qui impliquent que la famille prenne aussi de l'intérêt pour la langue et la pratique un peu, voire assez bien. Ainsi, les parents francophones strasbourgeois peuvent se rendre en quinze minutes de l'autre côté du Rhin à Kehl : un bus de la compagnie strasbourgeoise les y emmène directement. Ceux qui ont la chance d'habiter dans une zone frontalière peuvent profiter de cette frontière.

A faire chez le voisin – a) Aller régulièrement dans l'autre pays, avec des projets qui comportent un vrai contact avec les gens : faire de petits achats, aller à la librairie, feuilleter les albums, s'inscrire à la bibliothèque, à la médiathèque, gratuites pour les enfants. Se renseigner sur les éditeurs de livres pour enfants et la sélection des meilleurs albums. b) Abonner son enfant à une revue.

---

[53] http://www.afs-fr.org/indexaa.asp

Pour la presse pédagogique, une liste avec les principaux titres a été déposée sur le site Internet de l'I.U.F.M. d'Alsace[54] pour l'Allemand avec des indications d'âge, de prix, de rythme de parution : *Olli und Molli, Benjamin Blümchen, Bimbo, Geolino, Tierfreund.* Certains éditeurs comme le *Sailer – Verlag* livrent à domicile en France aux mêmes conditions qu'en Allemagne. Mais il faut se renseigner, car la surtaxe pour l'étranger peut être assez élevée. c) Consulter les programmes de cinéma. Comme les grands films à la mode sont sensiblement les mêmes en France et en Allemagne, on peut d'abord aller regarder le film en France, et s'il a plu, le regarder une deuxième fois dans l'autre langue de l'autre côté de la frontière. Une petite immersion partielle d'un après-midi, un après-midi "ailleurs" de temps en temps maintient la motivation de l'enfant et sera un moment privilégié avec l'enfant. d) Si on habite près de la frontière, le mieux est de choisir une activité sportive ou musicale dans l'autre pays. En Allemagne, les cours de musique sont généralement moins chers (et on ne fait pas de solfège au début…), et les clubs de gymnastique (au sens large) proposent de nombreuses activités. Seul petit bémol : plus les enfants sont petits, plus les activités se déroulent tôt dans l'après-midi, à une heure où les petits Français ne sont souvent pas encore sortis de leur école maternelle. Les adresses des clubs sont indiquées dans l'annuaire sous '*Vereine*'. Pour l'enfant, c'est évidemment la solution la plus satisfaisante : une demi-journée est régulièrement réservée à un bain de langue, avec une fonctionnalité bien définie de la langue, et un contact avec d'autres enfants natifs du même âge. Les clubs proposent de plus une vie culturelle comme les fêtes de Saint Nicolas ou de Noël, des voyages ou centres d'entraînement en été, des compétitions le dimanche à tous les niveaux. Cependant, les périodes de vacances ne sont pas les mêmes. e) Inscrire son enfant dans une colonie de vacances franco-allemande (par exemple à *Muttersholtz*)[55] ou le faire partir avec un

---

54 http://www.alsace.iufm.fr/web/ressourc/pedago/discipli/allemand/ressources/tout_revues.htm

55 Maison de la Nature du Ried de l'Alsace CPIE, 36, Annexe Ehnwihr, 67600 Muttersholtz , maisondelanatureried@free.fr

organisme allemand. *La maison de la nature de Kniebis*[56] en Forêt-Noire, à une petite heure de Strasbourg, propose des mini-séjours d'une semaine pendant les congés d'été avec un public essentiellement allemand (8 à 11 ans), et offre l'avantage d'une équipe d'encadrement bilingue ... pour vous rassurer. Pour les plus grands, un organisme implanté à Sarrebruck en Sarre, le *Jugendferienwerk* e.V.[57], propose des séjours pour des enfants à partir de 8 ans, et des voyages culturels dans divers pays jusqu'à la fin du lycée. Les petits Sarrois font tous du français à l'école, ce qui les met au même niveau d'apprentissage de la langue du voisin que les petits francophones de la Moselle ou de l'Alsace. Un séjour d'immersion d'une semaine ou de quinze jours pour les plus grands aura comme effet, outre de connaître des aspects culturels, de donner le statut de langue forte à la langue 2. f) S'adresser au *Centre culturel français de Fribourg*[58], chargé de coordonner les échanges individuels directs ou par correspondance pour des jeunes entre 11 et 17 ans dans la Région du Rhin Supérieur. g) Participer à des manifestations culturelles en Allemagne ou en Suisse, par exemple aux festivités de carnaval ou de Noël. Participer à des conférences avec diapositives, des lectures publiques ou autres. La fédération des universités populaires (*Volkshochschule* en allemand) peut orienter les recherches dans un premier temps. La *Volkshochschule*[59] de Kehl-Hanauerland édite un programme deux fois dans l'année, fin août et fin février. La *Volkshochschule* de Bâle (http://www.vhs-basel.ch) fonctionne selon un principe similaire. h) Dans un espace transfrontalier, il est également possible, sous certaines conditions, de scolariser de façon passagère ou durable, des enfants français en Allemagne, dans une des écoles de Kehl par exemple. Plus de 200 élèves vivent d'ailleurs cette aventure au quotidien, en étant domiciliés d'un autre côté du Rhin et suivant une scolarité de l'autre côté. Ces

---

[56] Naturfreundehaus Kniebis, Naturfreundeweg 12, D-72250 Freudenstadt, Fax 0049-7442-123670, http://www.khbgmbh.de

[57] Jugendferienwerk-Reisen, Faktoreistr. 1, D-66111 Saarbrücken, http://www.jfw-reisen.de

[58] Werderring 11, D- 79098 Freiburg.

[59] Volkshochschule Kehl-Hanauerland, http://www.vhs-ortenau.de

élèves transfrontaliers existent dans les deux sens, avec cependant un nombre plus important se déplaçant vers l'école allemande.

En direction des établissements scolaires – a) Les rencontres transfrontalières des classes peuvent bénéficier de subventions de la part de la commune ou de la Région. Elles sont coordonnées par le groupe de travail "Formation et Education" de la Conférence du Rhin Supérieur. Les écoles peuvent bénéficier d'aides financières auprès du Rectorat qui finance des projets. b) Dans le cadre de l'enseignement bilingue en Alsace, les parents peuvent adhérer à une association spécialement créée pour eux, l'association ELTERN[60]. Des regroupements ont lieu dans chacun des départements alsaciens, *Eltern 67* et *Eltern 68.* c) Pour les alsaciens, l'ancien Office Régional du Bilinguisme à Strasbourg devenu l'O.L.C.A.[61], propose des expositions, débats, et ses publications. Les jeunes parents en Alsace, se voient offerts par l'O.L.C.A. un "kit premier âge de bilinguisme" leur expliquant les filières bilingues, le rôle du dialecte et ce que les parents peuvent faire pour favoriser ou maintenir le bilinguisme naturel ou scolaire chez leur enfant.

Pour conclure, il est important que les parents s'intéressent à la scolarité bilingue de leur enfant, la soutiennent et soutiennent l'enfant, sans le pousser à des apprentissages prématurés, sans se substituer à l'enseignant et sans exiger de l'école ce qu'elle ne peut fournir. Le rôle de l'institution scolaire est de veiller à la progression des apprentissages et aux bonnes conditions de l'enseignement, les parents eux s'impliquent dans les activités péri- ou extrascolaires et soutiennent la motivation de l'enfant et son goût pour l'apprentissage. Enseignants comme parents doivent ouvrir à l'enfant les portes de "l'altérité " (Groux, 96).

---

[60] Par exemple, publication de: *Drei Jahre alt, zwei Sprachen*: *L'enseignement de l'allemand à l'école maternelle.* Verein Eltern 68 (8, rue de la Bourse, 68100 Mulhouse).

[61] O.L.C.A. 11a, rue Ed. Teutsch, Strasbourg, http://www.olcalsace.org

CHAPITRE 4

SCOLARITE D'UN ADOLESCENT BILINGUE

Les élèves débutent actuellement leur première langue vivante étrangère (LV1) au début du collège, s'ils n'ont pas eu l'occasion d'en pratiquer une à l'école primaire, cas de plus en plus rare en France. La deuxième langue (LV2) est alors introduite en quatrième, à un âge où les jeunes sont en pleine adolescence. Cela n'est pas un très bon moment pour démarrer une langue vivante, avec ce que cela implique d'incertitude, de production de phonèmes dont les essais "ridiculisent" le locuteur, etc. Depuis la mise en place de la réforme sur l'avancement des langues à l'école primaire, les enfants démarrent leur deuxième langue en sixième, tout en gardant leur première langue étrangère commencée plus tôt. Grâce à la première LV, ils seront assurés et plus motivés pour l'apprentissage des langues. Pour ceux qui auraient déjà appris une langue régionale de France, la deuxième langue peut être l'anglais, mais aussi une des langues romanes, par exemple dans les filières de langue romane proposées en Corse et dans des académies de langue d'oc. Pour répondre aux parcours diversifiés de langues en primaire, l'Alsace propose plus de filières en collège que d'autres régions. Pour les parents, le choix n'est alors pas facile, et une bonne information est nécessaire afin de renseigner au mieux les familles. Les langues - chacun le sait - ne sont pas simplement une discipline scolaire supplémentaire, mais une clé pour l'avenir sur une voie parfois difficile, parsemée de croyances toutes faites et d'obstacles à surmonter. La cohésion des offres de langues tout au long de la scolarité (Werlen, 01) est un des facteurs-clé, comme nous l'avons évoqué lors de l'examen du dispositif en Alsace. Nous présenterons les quatre filières les plus empruntées par les élèves. Comme pour les dispositifs à l'école primaire et les systèmes bilingues mis en place un peu partout dans le monde, ceux-ci varient considérablement au niveau des objectifs, des prérequis, de l'organisation scolaire et de l'horaire, des supports utilisés et des résultats.

4.1. Classes bilingues de collège et de lycée

Dans l'Académie de Strasbourg, le cursus bilingue au collège est régi par la circulaire académique du 10 juillet 1998. 26 collèges publics ou privés dans l'Académie de Strasbourg accueillent 1083 élèves (74 classes, 113% des effectifs de collège) dans un enseignement bilingue.

TABLEAU 3 : Enseignement bilingue dans les collèges (public + privé) de l'Académie de Strasbourg, année scolaire 2003-04

Effectifs	**6e**	**5e**	**4e**	**3e**	**Total**
Bas-Rhin	288	153	99	64	604
Haut-Rhin	166	120	110	83	479
Total	454	273	209	147	**1083**

L'Académie de Strasbourg a fait le choix de la continuité bilingue au lycée dans les sections *Abi-bac*. Les élèves bilingues de la première génération d'enfants ayant grandi avec le principe 13 / 13 depuis la maternelle dans des écoles publiques, sont sortis des classes bilingues au niveau du bac en 2004. La demande des familles étant moins importante pour les classes bilingues du second degré que pour celles de l'école élémentaire, les élèves issus après le C.M.2 de l'enseignement bilingue ne se retrouvent pas dans des classes bilingues, mais dans des classes plus hétérogènes. L'administration du collège constitue parfois des classes à groupes bilingues pour certains enseignements. Alors qu'en maternelle, les activités sont tantôt proposées en allemand et tantôt en français, et qu'à l'école primaire, il y a un partage entre les disciplines et les deux maîtres de la classe, dans le secondaire, la séparation ne se fait pas entre les matières, mais à l'intérieur des matières. Cela permet aux apprenants de profiter d'un enseignement bi-lingue au sens propre du terme et sur plusieurs années de scolarité bilingue parce qu'un enseignement bilingue, c'est davantage qu'un enseignement monolingue dans une autre langue (Krechel, 2000). En principe, 12,5 heures hebdomadaires sont réservées à des cours dispensés en français et 10 à 12 pour des disciplines en allemand, ce qui se rapproche de la parité horaire telle que la connaissent les élèves depuis la maternelle. Les "*études dirigées ou encadrées*", peuvent être proposées en allemand dans les collèges bilingues. L'enseignement en langue allemande est réparti en trois domaines : a) Quatre heures d'enseignement de la langue allemande, où l'allemand est objet de cours dans le cadre d'une progression linguistique. b) Quatre heures d'enseignement en allemand pendant lesquelles l'allemand est la langue d'enseignement et de communication. La moitié de l'horaire d'enseignement des mathématiques ainsi que de l'histoire et de la géographie est faite en allemand, l'autre moitié en français. L'éducation civique peut également être proposée en allemand. c) Quatre heures de cours en allemand, selon les possibilités d'enseignement de l'établissement. Théoriquement, toutes les disciplines scolaires peuvent être enseignées en allemand. Des formations bilingues spécifiques pour le second degré se sont mises en place pour assurer une bivalence parmi les professeurs du second degré, par exemple musique et allemand, géographie et anglais, etc. Ces professeurs sont prioritairement titularisés sur des postes bilingues, des sections européennes ou internationales, en fonction des besoins. Les P.L.C.2 formés en O.E.B.[62] à l'I.U.F.M. d'Alsace ont une priorité d'affectation dans l'académie de Strasbourg. Se pose le problème de la formation des candidats au concours. Dans beaucoup de pays (dont l'Allemagne), les enseignants de disciplines sont formés dans deux disciplines pour le second degré (en plus des sciences de l'éducation qui constituent la troisième discipline à partir de la première année à l'université). Ces formations aboutissent à des diplômes de bivalence, par exemple : français + géographie, allemand + histoire, etc. Certaines combinaisons sont évidemment plus recherchées que d'autres. La France s'est alignée sur les usages de ses voisins européens, en installant des C.A.P.E.S bivalents pour le breton et l'occitan par exemple, concours dans lesquels une langue régionale présente en France s'ajoute à une autre matière scolaire. C'est également le cas pour le nouveau concours des professeurs des écoles, C.E.R.P.E

[62] O.E.B. = option européenne et bilingue. En 2003-04, ils étaient 19 stagiaires pour 7 disciplines et 3 langues (allemand, anglais, espagnol) à l'I.U.F.M. d'Alsace.

spécial de langues régionales, qui recrute de futurs enseignants du premier degré en fonction de leurs compétences en mathématiques, en français (langue nationale) et dans la langue régionale de l'Académie en question, ainsi que dans d'autres disciplines de l'école primaire (Geiger-Jaillet, 04a). Mais en dehors de ces cas, la connaissance spécialisée dans un seul domaine primait jusqu'à présent et les dispositifs des concours de recrutement du second degré n'ont pas évolué vers la bivalence. Quelques formations universitaires telles que des bi-D.E.U.G. allemand / histoire (Paris), des doubles diplômes (Tübingen avec Aix-Marseille) ou des cursus intégrés (Lyon avec Leipzig) existent, mais en amont des concours. Dans le domaine de l'enseignement, les doubles formations se sont mises en place bien après les doubles formations des ingénieurs, des médecins ou des juristes par exemple (Geiger-Jaillet, 04c).

4.2. Sections trilingues de collège et de lycée

Depuis 1986, des sections trilingues existent en Alsace, afin de permettre aux jeunes l'étude simultanée de deux langues étrangères en 6ème, en général l'allemand et l'anglais, et de leur éviter le choix douloureux entre l'allemand et l'anglais. Dans le reste de la France, des sections trilingues ne sont ouvertes qu'en lycée, tendance qui semble se dessiner pour l'Alsace depuis le dernier changement de recteur. Depuis peu, les anciennes sections trilingues prennent le nom de "section bilangue" qui insiste sur le fait qu'on y pratique deux langues vivantes étrangères au même niveau. Les classes trilingues sont majoritairement choisies par des élèves ayant commencé l'allemand en maternelle (site bilingue) ou à l'école primaire (site 3 heures). Ils démarreront une deuxième langue issue du groupe des langues germaniques, ce qui en facilite l'apprentissage, grâce aux similitudes de structures linguistiques et de vocabulaire. Comme l'anglais extensif n'est pas généralisé dans l'académie, les enfants choisissant français-anglais-allemand sont moins nombreux. Tout enfant ayant pratiqué l'allemand à l'école primaire, peut intégrer une classe trilingue, sans autre condition d'admission. Les admissions sur dossiers ou tests n'existent plus. Les sections trilingues proposent un enseignement linguistique renforcé dans deux langues vivantes. La méthode choisie n'est pas l'immersion, car il ne s'agit pas d'enseigner différentes disciplines non linguistiques (D.N.L.) en langue étrangère. En 2003-04, 25068 collégiens répartis dans 1108 groupes, ont suivi, dans l'Académie de Strasbourg, des sections trilingues allemand-anglais. Suivent les sections avec l'espagnol, puis d'autres combinaisons de langues, plus rares, par exemple anglais-portugais. Environ un quart des élèves de collège était inscrit dans des sections trilingues. Afin de stabiliser l'enseignement de l'allemand dans l'Académie, les autorités scolaires ont décidé d'autoriser l'ouverture de nouvelles classes trilingues uniquement si l'une des langues choisies est l'allemand. Parallèlement, l'extension des cursus trilingues pour les enfants ayant suivi un enseignement d'allemand de trois heures à l'école primaire est prévue. Un tel système trilingue permet par exemple, de travailler sur un thème avec un professeur d'allemand, puis de le prolonger[63] dans une autre langue en concertation avec le professeur de celle-ci. Herrenberger et al. (Herrenberger, 99) citent l'exemple de l'étude du romantisme en littérature et en peinture (allemand-anglais) ; le thème des hispaniques aux USA (anglais-espagnol) ou celui du carnaval (allemand-anglais-espagnol). Après les collèges, quelques lycées spécifiques dans l'Académie de Strasbourg (Saverne, Wissembourg, Guebwiller, Strasbourg, Colmar, Mulhouse), mais également dans le reste de la France, proposent un double diplôme intitulé *Abi-bac* où les élèves trilingues vont éventuellement retrouver des camarades issus des sections européennes et du cursus bilingue.

4.3. Sections européennes de collège et de lycée (S.E.)

Créées en septembre 1992 sur initiative de Jack Lang[64], les sections européennes ont pour ambition de favoriser " *la formation*

---

[63] Parmi les possibilités : travail sur les deux langues et documents en parallélisme direct, en parallélisme décalé, en alternance, en juxtaposition, en mini-exposés, en formules combinées des précédentes (Herrenberger, 99, p.112).

[64] Textes fondateurs publiés au B.O. : - Circulaire n°92-234 du 19 août 1992 (B.O. n° 33 du 3 septembre 1992) et le rectificatif de cette circulaire paru dans le B.0. n°36 du 24/09/1992) : Arrêté du 22 juin 1994 (B.O. n° 29 du 21 juillet 1994) ; Note de service n° 94-260 du 2 novembre 1994 (B.O. n°41 du 10 novembre 1994) ; Extrait de l'arrêté du 22 juin 1994

du plus grand nombre d'élèves à un niveau proche du bilinguisme, assorti d'une connaissance approfondie de la culture des pays étrangers ". La mention ou "indication *section européenne*" ou "*section de langue orientale*" sur les diplômes du baccalauréat général et du baccalauréat technologique est définie par arrêté du 9 juin 2003 (B.O. n° 24 du 12 juin 2003). Les compétences linguistiques acquises par les élèves au cours de la scolarité en section européenne sont évaluées en classe de terminale sous forme d'un contrôle continu des connaissances et d'un entretien en langue étrangère. Celui-ci est mené par un jury académique désigné par le recteur d'académie. L'enseignement reçu dans la langue de la section et les périodes de formation effectuées à l'étranger servent de support à cette évaluation. Pour les lycées d'enseignement général et technologique, l'indication "*section européenne*" ou la mention "*baccalauréat européen*"[65] s'obtient à trois conditions : - avoir obtenu une note égale ou supérieure à 12 / 20 à l'épreuve obligatoire de langue vivante ; - avoir satisfait aux exigences d'obtention par une note de contrôle continu ; - se présenter à une épreuve spécifique de commentaire d'un document inconnu, en rapport avec le programme, commentaire suivi d'un entretien sur les travaux et activités effectués dans l'année.

Les conditions d'attribution de cette mention ont été allégées dans les arrêtés du 9 mai 2003 pour l'enseignement général et l'enseignement technologique ou professionnel, publié au J.O. n° 120 du 24 mai 2003 (p.8898). L'une des épreuves facultatives peut, au choix du candidat, être remplacée par une évaluation spécifique depuis la session 2004 (arrêté du 9 mai 2003). La mention atteste un certain niveau en langue et peut faciliter la poursuite d'études à

---

relatif aux conditions d'attribution de l'indication "section européenne" ou "section de langue orientale" sur les diplômes du baccalauréat général et du baccalauréat technologique (B.0. du 21 juillet 1994) ; B.O. n° 15 du 13/04/1995 ; B.O. n° 31 du 11 septembre 1997 ; Circulaire n° 2000-009 du 13 janvier 2000 (B.O. du 20 janvier 2000)

[65] Le décret n° 93-1092 du 15 septembre 1993 ; l'arrêté du 15 septembre 1993 modifié ; l'arrêté du 17 mars 1994 modifié et la note de service n° 94-260 du 2 novembre 1994 ont été remplacés par les arrêtés du 9 mai 2003.

l'étranger ou dans des établissements français à vocation européenne. D'ores et déjà, certaines universités dispensent les titulaires de l'indication ou *mention européenne* de certaines conditions d'inscription. Dans le cahier de charges établi par Jack Lang figurent le renforcement linguistique en collège, l'apprentissage de disciplines variées dans une langue étrangère au lycée (D.N.L.), la préparation aux réalités d'un dialogue interculturel et international dont l'objectif est de former des citoyens européens. Dans tous les cas, afin d'introduire une dimension européenne dans les enseignements et de préparer les élèves à la mobilité géographique, des activités culturelles et d'échanges ouvertes sur l'Europe sont prévues, des périodes d'immersion à l'étranger via des séjours individuels ou collectifs de moyenne durée dans un établissement partenaire, des stages en entreprises validés par *Europass*[66]. Dans un même souci d'ouverture à l'Europe, outre les certificats étrangers (Goethe Institut / Inter Nationes, Cambridge, etc.), les élèves de troisième et de première en Alsace peuvent passer un „*Certificat régional d'excellence*", délivré depuis 1988 pour l'allemand, depuis 1990 pour l'anglais et l'espagnol, depuis 1992 pour le portugais. Une exigence de niveau le caractérise, le taux de réussite ne dépassant pas les 40% (Geiger-Jaillet, 97, p.45). L'encadrement dans les sections européennes est assuré par des enseignants de langues et des enseignants non linguistes habilités par un inspecteur de la langue et nommés sur un poste à profil en section européenne. Et c'est précisément la pénurie de professeurs pouvant assurer l'enseignement de leur discipline en langue étrangère dans un pays comme la France, où l'accès aux postes d'enseignants du secondaire passe majoritairement par un concours monovalent, qui est le principal obstacle à la multiplication de ces sections. Depuis quelques années, une formation spécifique existe pour les

---

66 "Euro-Pass"-formation (document communautaire créé par la Commission Européenne dans le cadre de la mise en œuvre, au 1er janvier 2000, de la décision européenne sur les parcours européens de formation, B.O. n° 33 du 23 /09/1999).

professeurs des lycées et collèges[67] au cours de leur deuxième année à l'I.U.F.M. Intitulée "formation bilingue complémentaire O.E.B." (ou *option européenne et bilingue)* [68] à l'I.U.F.M. d'Alsace, elle s'appelle "Enseignement d'une discipline non linguistique (D.N.L.) en section européenne (SE)" dans les I.U.F.M. de Rennes et de Grenoble. Ces sections bilingues particulières sont créées dans une logique de continuité de l'enseignement des langues tout au long du cursus scolaire. En principe, une section européenne ne peut être ouverte en lycée qui si au moins l'un des collèges du secteur possède une section européenne dans la langue concernée. La procédure d'admission dans une section européenne varie selon les établissements : dans certains cas, elle est celle de toute section "à recrutement limité" : la décision relève d'une commission départementale, au vu des résultats obtenus en collège et de la motivation des candidats telle qu'elle apparaît dans les appréciations des enseignants ; dans d'autres cas, l'admission se fait sur entretien de motivation, voire même sur " *test de langue dont le niveau est souvent élevé* ". Le rapport souligne : "*Aucune dérogation de secteur n'est autorisée pour accéder à une section européenne* " (M.E.N., 00).

Les textes prévoient que les sections européennes sont ouvertes à partir de la classe de quatrième, exceptionnellement de la classe de sixième si elles prolongent un enseignement bilingue ou non dans la même langue. Un collège privé accueille actuellement des élèves de sixième en section européenne (allemand) dans le Bas-Rhin, les collèges publics ont peu à peu retiré leur offre d'ouverture de sixièmes européennes, suite aux changements du recteur. L'enseignement dans les sections européennes consiste dans un premier temps dans un renforcement de la langue de deux heures par semaine, en 4ème-3ème ou plus exceptionnellement en 6ème-5ème, comme cela est pratiqué dans les sections bilingues en Allemagne à

[67] Circulaire n° 92234 du 19 août 1992 "Mise en place de sections européennes dans les établissements du second degré" (B.O n° 33 du 3 septembre 1992).

[68] Informations : I.U.F.M. d'Alsace, 200 avenue de Colmar, 67100 Strasbourg, http://www.alsace.iufm.fr

l'âge de 11 ans. Les langues proposées en section européenne, outre l'allemand et l'anglais, sont l'espagnol à Strasbourg et Colmar, l'italien à Strasbourg et Mulhouse, le portugais à Schiltigheim près de Strasbourg. Au plus tard à partir de la troisième année d'apprentissage de la langue, plusieurs matières comme les mathématiques ou la géographie sont enseignées en immersion partielle en langue 2. Les disciplines non linguistiques en langue étrangère (D.N.L.) ne sont normalement prévues qu'en lycée, mais peuvent être proposées dès la quatrième. Les élèves en Alsace peuvent donc commencer un parcours de sixième trilingue au collège avec un renforcement horaire des langues (5488 élèves soit 23, 8% des effectifs de sixième en 2003-04), suivi d'une scolarité en section européenne à partir du lycée avec des disciplines en langues étrangères. Au lycée d'enseignement général, il s'agit d'utiliser une langue véhiculaire dans les apprentissages disciplinaires : La totalité ou une partie du programme de la D.N.L. (ou de plusieurs D.N.L.) est effectuée dans l'horaire normal et dans la langue de la section. S'y ajoute une heure hebdomadaire de D.N.L. en seconde ainsi qu'aux groupes de première et de terminale quand il y a diversification de la D.N.L. Lorsque les conditions le permettent, l'assistant de langue intervient pour une autre heure hebdomadaire. La D.N.L. majoritaire, dans 70% des sections européennes en France[69], est l'histoire et la géographie, suivie des sciences, (S.V.T.), de l'E.P.S. et des disciplines technologiques ou professionnelles. Mais les académies ne reflètent pas toujours cette répartition nationale. Ainsi dans l'académie de Dijon, sur les treize sections européennes en lycée, on ne compte que quatre établissements offrant une D.N.L. autre que l'histoire et la géographie, à savoir les sciences physiques, les S.V.T. et les sciences économiques et sociales (M.E.N., 00) alors qu'une discipline comme la bureautique serait également possible. Comme le précise la note de service 2001-151 du 27 juillet 2001 (B.O. n° 31 du 30 août 2001) au lycée

[69] Enquête sur les sections européennes de l'Académie de Toulouse en 1999-2000 faite par Alain Jambin, IA-IPR d'anglais, http://www.ac-toulouse.fr/anglais/enqse.html

professionnel, l'objectif principal est de développer la maîtrise de la langue étrangère comme outil de communication. Une heure hebdomadaire complémentaire est prévue en terminale B.E.P. et en première et terminale professionnelles. Le rapport ministériel sur *Les sections européennes et sections de langues orientales* constate : " *Une des originalités de l'académie de Strasbourg est de développer les sections européennes en lycée professionnel (allemand et anglais) ; ces choix sont définis en relation avec les possibilités de stages en entreprise allemande ou anglaise dans le cadre des conventions avec le Ministère de l'éducation du Bade-Wurtemberg ou l'E.M.F.E.C. (*East Midlands Further Education Council*) du comté des* East Midlands *au Royaume Uni. Cette approche intégrative de la discipline non linguistique constitue un facteur évident de motivation pour les élèves qui suivent ces enseignements.* " (M.E.N, 00).

Des sections européennes sont donc instaurées en Alsace dans les lycées professionnels afin d'augmenter, par un bon niveau linguistique et des connaissances disciplinaires en langue étrangère, les chances de trouver un emploi (255 élèves pour l'allemand, 55 pour l'anglais en 2003-04). Ces filières permettent également à de jeunes bacheliers d'aller travailler plus facilement en Allemagne ou en Suisse après leur formation professionnelle. Pour les lycées professionnels, l'arrêté du 4 août 2000 paru au Journal Officiel du 12 août 2000 précise les dispositions en vigueur, identiques à celles des lycées d'enseignement général. En classe terminale de B.E.P. ou de baccalauréat professionnel, les élèves reçoivent une attestation de scolarisation en section européenne. Au lycée technique, l'heure hebdomadaire de renforcement linguistique existant en seconde, est remplacée en première par une heure de D.N.L. d'enseignement scientifique ou technologique. Le constat quantitatif global à l'occasion des dix ans des sections européennes montre qu'elles comptent désormais dans le paysage éducatif français : entre 1992 et 2002, pour leur dixième anniversaire, les sections européennes et de langue orientale sont sorties de l'état expérimental pour affirmer une présence forte sur toute l'étendue du territoire. L'évolution plus récente du nombre des sections européennes depuis l'année scolaire 1999-2000 montre une augmentation de 50,17% soit 838 sections, et même une augmentation de 168%, soit 84 sections en lycée professionnel (M.E.N., 02). En 2001-02, dans trente académies, existaient 2508 sections européennes, dont 134 en lycée professionnel [70]. Les sections européennes sont fréquentées en Alsace par environ 6% des élèves.

TABLEAU 4 Les sections européennes en nombre décroissant par académie (année scolaire 2001-2002)

Académie	**Sections européennes**	**dont SE en lycées prof.**
Lille	366	26
Rennes	214	2
Strasbourg	191	25
Versailles	180	3
Toulouse	178	26
Nancy- Metz	166	7
Nantes	142	1
Orléans- Tours	124	2
Amiens	110	2
Créteil	107	3
Montpellier	97	4
Rouen	85	3
Grenoble	81	2
Clermont-Ferrand	79	1
Caen	76	2
Besançon	75	0
Dijon	68	8
Paris	68	1
Aix- Marseille	66	1
Lyon	65	0

[70] http://www.ciep.fr/echanges/cgi/enseigner_fr.php3?id_cat=136#ancre

Bordeaux	60	4
Reims	56	1
Poitiers	45	2
La Réunion	39	2
Nice	37	5
Limoges	31	0
Corse	4	1
Moyenne académique	*82,8*	*4,46*
Total	**2508**	**134**

Selon ce dossier de presse, l'Académie de Lille vient en tête avec 366 sections européennes, suivie de l'Académie de Rennes (214), puis d'un groupe de tête avec Strasbourg (191), Versailles (180), Toulouse (178 sections), Nancy-Metz (166). Les moins favorisées de la France métropolitaine en 2000-01 étaient les Académies de Corse (4 sections), de Limoges (31), et de Nice (37). Les langues représentées sont diverses, mais l'anglais est, de loin, la langue majoritaire en section européenne. Les statistiques suivantes, reprises du rapport sur les sections européennes de 2000, sont les dernières disponibles au niveau national. Depuis, une section d'arabe s'est mise en place. Les textes d'origine ont étendu le projet des sections européennes à des langues non européennes, dans des sections dites de langue orientale.

TABLEAU 5 : Sections européennes, statistiques à la rentrée de septembre 1998, rapport du M.E.N. (2000)

	anglais	*allemand*	*Espagnol*	*Italien*	*portugais*	*russe*	*néerlandais*	*chinois*	*japonais*
Collège	514	396	116	41	11	5	2	2	1
Lycée	253	171	54	66	3	4		2	1

4.4. Lycées avec sections *Abi-bac*

En application des recommandations d'une "Déclaration conjointe" signée le 7 décembre 1995, un programme de coopération franco-allemande a été mis en place entre des sections européennes françaises d'allemand et des sections bilingues allemandes de français, avec l'objectif de motiver, dans les deux pays, un nombre plus important d'élèves à l'apprentissage de la langue de l'autre, en alliant langue et contenu. Elle est en quelque sorte une réponse un peu tardive à l'abandon de l'apprentissage du français en Allemagne et de l'allemand en France auquel on assiste depuis de nombreuses années (Candelier, Hermann-Brennecke, 93). La spécificité de ce nouveau réseau de sections bilingues à profil franco-allemand (appellation commune aux deux pays) consiste dans le jumelage de deux établissements et dans la conception en commun de projets qui trouvent leur réalisation au cours d'un échange. Ce réseau compte aujourd'hui 28 sections de part et d'autre (soit 56 en tout). C'est de ce réseau, destiné à être étendu, qu'émergent les sections proposant la délivrance simultanée du baccalauréat et de *l'Abitur* appelée ***Abi-bac*** (mot composé de l'allemand *Abitur* et du français *baccalauréat*). Deux des établissements français sont situés à l'étranger, les lycées français de Hambourg et de Munich, les autres en France : à Pessac, Colomiers, Reims, Saint-Cloud, Grenoble, Lyon, Metz, Saint-Avold, Sarreguemines, Enghien-les-Bains, Châlons-en-Champagne, Dijon, Rennes, Aix-en-Provence, Saverne, Wissembourg, Colmar, Guebwiller, Strasbourg, Mulhouse. Pour plus de renseignements sur ces filières et la liste des établissements jumelés, on peut consulter le site de l'Institut Français de Düsseldorf[71]. Les sections menant à la délivrance simultanée du baccalauréat et de *l'Abitur,* ont été officiellement instaurées dans les deux pays à la suite de la signature d'un accord intergouvernemental, le 31 mai 1994, au Sommet franco-allemand de Mulhouse. Cette formation vise la délivrance simultanée de deux diplômes de fin d'études secondaires français et allemand, au terme d'un enseignement renforcé de langue et littérature et de

---

[71] http://mneia.org/biling

l'enseignement de l'histoire et de la géographie dans la langue du partenaire, sur la base de programmes définis en commun par les autorités compétentes des deux pays. Un programme et un examen unique délivrant les deux diplômes ont été mis en place depuis sept ans. Ce nouveau diplôme sanctionne la fin de la scolarité bilingue ou internationale. Par un seul examen, on obtient deux diplômes. Le cursus inclut à partir de la seconde, six heures d'allemand par semaine, avec étude de la littérature allemande, et cinq heures d'histoire-géographie enseignées en allemand par semaine. Ces sections, en voie de développement, comportent des activités culturelles et linguistiques régulières avec un partenaire allemand, l'élève doit subir au moins une épreuve disciplinaire dans la langue du partenaire. Le cursus permet de préparer simultanément les deux examens pour les séries L, ES et S. Deux épreuves particulières prévues pour l'histoire-géographie et l'allemand, sont corrigées à la fois par des professeurs allemands et français. L'équivalent d'un inspecteur en Allemagne, le *Schulrat,* assiste aux épreuves en France et un inspecteur français assiste aux épreuves sanctionnant *l'Abi-bac* en Allemagne. Pour l'obtention du baccalauréat français qui constitue la première étape, les élèves présentent leur LV1 et l'histoire-géographie en langue allemande, qui font l'objet d'une première correction, puis les autres épreuves en langue française. Pour l'obtention de l'*Allgemeine Hochschulreife,* deuxième étape, sont pris en compte : la seconde correction des épreuves spécifiques par un examinateur allemand ; le résultat de l'épreuve orale spécifique ; les résultats du baccalauréat, car on ne peut obtenir l'*Abitur* qu'à condition d'être admis en même temps au baccalauréat[72]. Actuellement quarante établissements, parmi ceux qui possèdent une section bilingue à profil franco-allemand, participent à ce programme. Une trentaine d'entre eux ont présenté environ 500 candidats à la session 2002 de l'*Abi-bac*, les autres sections n'ayant pas encore atteint le niveau de la classe terminale[73]. Les titulaires sont dispensés des tests linguistiques à l'entrée en faculté dans l'autre pays.

---

[72] http://www.lycee-kastler.com/enseignement/abibac.php

[73] http://www.education.gouv.fr/presse/2002/europ/europdp.htm

4.5. Sections internationales de collège et de lycée et l'O.I.B.

Contrairement aux sections internationales du premier degré qui ne mettent en place qu'un enseignement diversifié et renforcé dans une langue étrangère ou maternelle des enfants, sans proposer d'enseignement de discipline dans cette langue, un tel enseignement basé sur l'utilisation fonctionnelle de la langue est bien prévu à partir du secondaire. On a veillé à assurer la continuité de cette offre jusqu'au lycée en créant des sections internationales dans un collège et un lycée de la ville. Cependant, les cas de nouveaux enfants intégrant les classes internationales s'ils n'y ont pas déjà été scolarisés auparavant, sont rares. La liste des établissements concernés en France se trouve en annexe. La scolarité internationale peut déboucher sur un baccalauréat français ou sur l'O.I.B. (*option internationale du baccalauréat*). A la suite d'une convention avec la Délégation aux relations internationales et à la coopération au Ministère de l'Education nationale, le C.I.E.P. (Centre international d'études pédagogiques[74]) gère les sessions annuelles de l'option internationale du baccalauréat en France (O.I.B.). Ce baccalauréat O.I.B. est un baccalauréat français en L, ES ou S qui intègre l'option internationale. Pour l'obtenir, les candidats doivent passer des épreuves spécifiques de langue et littérature et d'histoire-géographie (B.O. n°2 du 10 janvier 2002). Le contenu de ces épreuves et le programme correspondant sont arrêtés en concertation par les autorités pédagogiques françaises et étrangères. C'est une option lourde, difficile et prestigieuse qui prévoit un enseignement renforcé en littérature et philosophie, ainsi qu'en histoire (histoire allemande par exemple, faite par un enseignant allemand d'histoire). Le programme très chargé attire de moins en moins d'enfants dans une scolarité déjà lourde en France. L'O.I.B. se prépare uniquement dans les " *établissements autorisés à présenter des candidats à l'O.I.B.* " [75]. Les sections existantes en 2003 sont classées par ordre alphabétique de la langue-cible comme suit : langue allemande (6 sections),

---

[74] http://www.ciep.fr/echanges/cgi/enseigner_fr.php3?id_cat=138#
[75] http://www.ciep.fr/oib/ listetab.htm

américaine (7), arabe (2), britannique (12), danoise (1), espagnole (12), italienne (7), japonaise (2), néerlandaise (2), polonaise (3), portugaise (2), suédoise (1). Sur 919 candidats présentés à la session de 2003, 900 ont été reçus au baccalauréat mention O.I.B, dont 281 pour les sections britanniques, 199 pour les sections américaines, 197 lauréats pour l'espagnol, 83 pour l'allemand, 78 pour l'italien, 18 pour le néerlandais, 17 pour le portugais, 11 pour le suédois, 88 pour le polonais, 3 pour l'arabe, 3 pour le japonais et 2 pour le danois[76].

La réussite d'une scolarité dans des sections internationales se mesure pour la France en terme de réussite aux examens nationaux (nombre de bacheliers), pour l'Allemagne en terme de moyenne obtenue par les bacheliers, ou par une réinsertion sans problème dans le système scolaire national de l'élève rentrant dans son pays d'origine par exemple. L'établissement le plus connu en France car comportant de loin le plus grand nombre d'élèves et de sections linguistiques, est le *Lycée International de Saint-Germain-en-Laye* avec 2800 élèves. Le plus petit est le *Lycée Marc Chagall de Reims*, avec une section anglaise de 64 élèves en 2000 (Cinquième Colloque, 00, p.85). A Strasbourg, 587 adolescents fréquentaient en 2002-03 les sections internationales du *Collège de l'Esplanade* dont 40% pour l'anglais (235 élèves). De 1991 à 2000, 129 lycéens ont obtenu leur baccalauréat au *Lycée des Pontonniers* à Strasbourg avec la mention "sections internationales". A la place de l'O.I.B., les enfants issus du profil "allemand national" ou "allemand spécial", doivent se soumettre au nouveau diplôme *Abi-bac*. Celui-ci peut également couronner une scolarité bilingue ou internationale, mais uniquement en section de langue allemande. Un horaire renforcé de langues, un enseignement de disciplines en d'autres langues que le français, un enseignement donné majoritairement par des enseignants "natifs" en poste pendant plusieurs années, et - argument non négligeable - une certaine sélection motivent les parents à envoyer leurs enfants dans ces classes. Il ne faut pas confondre *l'option internationale du baccalauréat* avec *le baccalauréat international*. Ce dernier, dit

---

[76] http://www.ciep.fr/oib/ chiffres.htm

aussi *baccalauréat de Genève* - créé par l'Office du baccalauréat international de Genève - est un diplôme étranger ne donnant pas accès directement à l'université en France, parce que ses épreuves de baccalauréat ne correspondent pas au programme français. C'est l'*Organisation du Baccalauréat International* (IBO), organisme à but non lucratif créé en 1968, dont le siège est à Genève, qui gère le réseau des filières IB / BI dans le monde[77].

[77] http://www.ibo.org

CHAPITRE 5

RECOMMANDATIONS

Comme nous avons tenté de le montrer, chaque partenaire éducatif a un rôle à jouer. C'est l'occasion de revenir sur les responsabilités de chacun et de formuler des recommandations.[78]

Recommandations aux parents de jeunes enfants - Un enfant suivra d'autant mieux un cursus bilingue s'il en comprend le sens. Or, un cursus bilingue prend du sens pour lui s'il sent que ses parents - qu'il aime - et ses enseignants, qu'il aime et qu'il respecte aussi, y tiennent et s'il en voit les débouchés. L'enfant admis dans un site bilingue peut éventuellement constater qu'il a du mal à comprendre le maître ou la maîtresse, qui emploie une langue nouvelle pour lui, alors que ses condisciples se sont familiarisés beaucoup plus vite que lui avec l'enjeu scolaire. C'est certainement aux enseignants d'intervenir et de rendre la vie en classe la plus attrayante possible. C'est ainsi que les rapports d'évaluation des classes bilingues de 1996 ou 1997 de l'académie de Strasbourg proposaient aux enseignants d'adopter une attitude de compensation, en laissant à l'enfant la possibilité d'expliquer une démarche, un jeu, de proposer une activité ... avec les moyens langagiers à sa disposition, y compris sa propre première langue. Toujours dans le même but, la commission d'évaluation dans l'académie de Strasbourg a proposé de faire d'une contrainte un profit, et de créer, autant que possible, des classes à deux cours, quitte à les créer *ex nihilo*, afin de regrouper plusieurs tranches d'âge ce qui contribue largement à la bonne intégration des petits. Regrouper des enfants de différents âges ressemble au fond plus à la composition naturelle des enfants dans une famille. Au départ, il est très difficile de lui expliquer rationnellement le sens de son inscription dans un cursus moins facile, plus contraignant, puisqu'il s'agit de se débrouiller dans une langue que l'on ne connaît pas. Ici, les parents peuvent expliquer, dans les termes adaptés à l'âge de leur rejeton, pourquoi ils ont fait pour lui le choix de

---

[78] Réflexions conduites en collaboration avec D. Morgen (Morgen, 04).

l'enseignement bilingue. Au cours de la scolarité, il est important pour les parents de soutenir l'apprentissage de la langue et de tirer parti des moyens d'immersion que nous avons présentés plus haut. Certains parents font l'effort d'apprendre la langue en même temps que leurs enfants ou de se perfectionner dans celle-ci. Ils montrent par là l'intérêt qu'ils y attachent. Il est tout aussi stimulant de créer des liens entre famille française et famille allemande, l'équivalent en quelque sorte d'un jumelage d'établissement où les familles, les enfants se rencontrent de temps à autre. Mais on peut aussi créer, dans le monde associatif, des clubs d'allemand, d'alsacien (d'occitan, de catalan…) avec des activités dans ces langues, ou profiter de la présence dans le milieu environnant de locuteurs de l'allemand, de l'alsacien, du catalan, de l'occitan… Pensez en Alsace aux nombreuses familles allemandes qui ont fait le choix de résider en Alsace… ! Il est clair que la section locale de parents d'élèves, affiliée à une association généraliste, l'A.P.E.P.A (Association des parents de l'enseignement public en Alsace), la F.C.P.E. (Fédération des conseils de parents d'élèves des écoles publiques), la P.E.E.P. (Parents d'élèves de l'enseignement public) ou à une association régionale de type *ELTERN* en Alsace ou à la F.L.A.R.E.P (Fédération des langues régionales dans l'enseignement public) a ici un rôle majeur à jouer et qu'il y a tout intérêt à s'y affilier.

Par contre, si l'on peut conseiller au parent locuteur de la langue 2 de la parler avec son enfant régulièrement, selon le conseil de Grammont à Ronjat, il n'est pas souhaitable que des parents qui apprennent la L2 la choisissent comme langue de la famille. Il suffit de développer des attitudes favorables envers les langues et les cultures, mais il vaut mieux utiliser comme langue de communication sa langue forte. Le problème est réel quand des familles ont le sentiment de parler une langue dévalorisée, plus souvent un dialecte que la langue codifiée, voire un dialecte éloigné de la langue officielle de leur pays d'origine. Nous préconisons néanmoins d'utiliser la langue maternelle en famille pour faire contrepoids à la langue de l'environnement. Une dernière recommandation très importante en direction des parents, au terme des explications données dans ce livre : pensez aux résistances auxquelles sont confrontés les enseignants. Alors, si vous avez la chance d'avoir en enfant scolarisé en filière bilingue, encouragez les enseignants qui en ont besoin!

Recommandations aux lycéens et aux étudiants - Le cursus bilingue, nous l'avons vu, est fondé sur un double pari : la précocité et la continuité. La précocité est l'affaire des parents. En vue d'un cursus bilingue de collège ou de lycée, ce sont les parents qui ont demandé auparavant l'admission dès l'école maternelle. La part de chacun, c'est d'en assumer la continuité, de ne pas chercher à quitter le cursus en raison d'un travail supplémentaire. En effet, la pratique de deux, trois langues au collège et au lycée s'avère tout à fait payante au niveau des études et d'une orientation après le bac. Etre trilingue confère plus de choix d'orientations et plus de chances d'insertion dans une profession. C'est la tâche de chaque lycéen, étudiant, de tirer parti de toutes les occasions de vivre la langue en immersion, par exemple en passant une partie des vacances chez un correspondant allemand (catalan, italien, espagnol...) ou en séjournant dans le pays. Dès la classe de 4ème et en tout cas au lycée, il est possible de demander à un professeur ou un proviseur un séjour individuel en immersion dans l'établissement scolaire partenaire. Tout collège et tout lycée alsacien a des partenariats avec un *Gymnasium* allemand, autrichien, voire suisse. Dans un collège ou lycée, il est intéressant d'intégrer le club d'allemand créé par l'assistant d'allemand présent dans l'établissement en général d'octobre à mars inclus. Sans oublier les ressources de la " toile " pour exploiter au maximum les sites dans la L2 ou consacrés à la L2, de nouer des liens par le courrier électronique ou par la causette (le " chat ") avec vos amis étrangers. Actuellement, tous les lycéens de première ou de terminale peuvent participer à une "journée des métiers, des carrières, des universités" organisée au chef-lieu de département (l'établissement scolaire organise en général le transport) en semaine ou le samedi. C'est l'occasion de bien s'informer sur son orientation après le bac. Les besoins en enseignants bilingues dans les classes maternelles et primaires sont grands. Il est impératif, au cours des trois premières années à l'université, de veiller à maintenir ses connaissances en langue, en suivant des modules de langue ou une licence pluridisciplinaire avec langue, particulièrement intéressante pour les futurs professeurs des écoles puisqu'en plus du français et de l'allemand, cette licence propose des modules optionnels de mathématiques ou d'histoire.

Les besoins en enseignants de D.N.L. pour le second degré sont également importants. A côté de la préparation d'un C.A.P.E.S. monovalent, par ex. en mathématiques, histoire-géographie ou S.V.T., la plupart des U.F.R. donnent la possibilité de suivre des cours optionnels de langue. Cette perspective professionnelle pourrait être complétée par une année dans le pays partenaire, par exemple tout de suite après le baccalauréat en s'occupant de la garde d'enfants, en attendant une inscription à l'université, ou sous forme de séjour d'études dans une université étrangère, ou encore comme assistant de langue (niveau D.E.U.G. impératif). De plus en plus d'universités organisent des cursus binationaux intégrés. L'université franco-allemande implantée à Sarrebruck[79] tient à jour une liste des cursus à double diplôme. Un étudiant de l'enseignement supérieur doit savoir profiter des possibilités d'effectuer un semestre ou deux dans une université partenaire : les cursus binationaux se développent dans plusieurs branches de formation scientifiques ou linguistiques. Le choix d'un parcours et d'université devrait être fait en fonction des possibilités de " mobilité à l'étranger " (c'est le terme pour désigner un séjour universitaire à l'étranger).

Propositions aux autorités scolaires - Les enseignants, les parents d'élèves, l'administration et les collectivités locales sont les initiateurs du projet d'éducation bilingue de l'école. Ce projet global constitue le projet d'établissement (Groux, 96, p.157). Il est issu d'une concertation au premier niveau d'analyse, celui de l'environnement immédiat et de la vie à l'école, car un projet bilingue paritaire ne s'ajoute pas aux disciplines scolaires. Pour prolonger la métaphore de l'immersion, c'est tout un dispositif qui associe ces disciplines et fait baigner les enfants dans deux langues. Dominique Groux distingue le volet institutionnel et le volet pédagogique du projet bilingue. Le volet institutionnel assure

---

[79] http://www.dfh-ufa.org

la continuité de l'éducation bilingue au-delà de l'école primaire, en regroupant les élèves par secteur. C'est ce qu'Erika Werlen (Werlen, 01) appelle "cohésion verticale". Le volet pédagogique, selon D. Groux, est tout ce qui permet de développer et enrichir les compétences linguistiques et culturelles de l'enfant et de lui apporter des motivations, dans la salle de classe et en dehors (voyages par exemple). Un des cinq principes du modèle d'enseignement des *ikastola* (écoles associatives basques) est celui d'un "*effectif volontairement limité pour assurer un suivi individuel et un épanouissement dans la dynamique de groupe.*"[80] C'est un modèle à faire partager à d'autres. Dans des classes de trente élèves, le temps de parole de chacun est nécessairement plus limité qu'à vingt. Mais l'enseignement par immersion, c'est apprendre et communiquer en langue, tant dans les activités scolaires que périscolaires (garderie, récréation, cantine, sports, danse, travaux manuels, etc.), il faut s'en donner les moyens. Ce qui est valable pour les écoles associatives, devrait l'être pour les écoles de la République. Un projet de décloisonnement pourrait se concevoir par exemple dans le cadre de contrats d'aménagement des temps et des activités de l'enfant (B.O. n°29 du 16 juillet 1998), avec l'aide de la collectivité locale et d'autres partenaires. Afin de veiller à une cohérence de l'ensemble du dispositif, il faudra développer le rôle de la *Mission Académique aux Enseignements Régionaux et Internationaux* (M.A.E.R.I.) et assurer la cohérence des évaluations. La M.A.E.R.I. est, dans l'académie de Strasbourg, le centre de ressources, des échanges internationaux et des partenariats dans le cadre des échanges européens. Sa mission est de tenir informés les établissements qui abritent des sections européennes ou des sites bilingues de l'évolution des ressources et des dispositifs pédagogiques. Sa mission est aussi d'examiner les besoins et les projets et d'attribuer les subventions de manière équitable. La M.A.E.R.I. pourrait développer d'autres activités comme celle de servir d'organisme-relais pour organiser des voyages de commune à commune (jumelées ou non) ou de famille à famille, au-delà des frontières.

[80] http://www.seaska.org/biling.htm

Ainsi le projet bilingue ne serait pas seulement confiné entre les murs des établissements scolaires mais associerait davantage l'entourage, le milieu dans lequel baignent les enfants. Le travail d'évaluation des classes bilingues est en partie confié aux corps d'inspection, mais également à des chercheurs universitaires. Les évaluations devraient de préférence se situer dans une perspective de comparaison internationale et pas seulement régionale ou nationale. Déjà utilisées pour les cursus généraux, dans le cadre des études PISA, ces évaluations seraient à développer pour les cursus bilingues en Europe, à savoir des évaluations en langue seconde avec des outils normés. D'après le chapitre V. 7 du rapport du Ministère de l'Education nationale sur les sections européennes (M.E.N., 00), les professeurs de langue et de D.N.L. aimeraient pouvoir échanger avec des collègues d'autres académies et demandent l'accès à un serveur académique, qui ferait gagner du temps au moment de la recherche individuelle de documents, lèverait les obstacles liés à la législation et au coût des documents authentiques (absence de crédits spécifiques, paiement de droits d'auteur).

Une liste de diffusion par courrier électronique existe depuis la rentrée 2002-03. Un site Internet de liaison entre élèves des divers établissements du territoire pourrait être ouvert. La mise en ligne de textes choisis pour les baccalauréats pourrait favoriser la création de banques de données utilisables les années suivantes et servir à harmoniser enseignements et pratiques, et incidemment à enrichir utilement le fonds documentaire des établissements en mettant à la portée de tous les élèves et de tous les professeurs des supports plus variés et d'une portée plus large. On perçoit tout l'intérêt de cette documentation dans la mise en place des travaux personnels encadrés. Un exemple cité dans ce rapport de 2000 : le site **"EuroDNL"**, une base de ressources documentaires et pédagogiques en ligne à l'usage des professeurs des sections bilingues (européennes, internationales, *Abi-bac*) dans l'académie de Nancy-Metz[81]. Quelques listes de diffusion d'enseignants en sections européennes commencent à voir le jour. L'intérêt de cette

[81] http://www.ac-nancy-metz.fr/relinter/eurodnl

base de ressources est de permettre la création de "**Coopératives Pédagogiques Virtuelles**" des équipes inter-académiques dans toutes les combinaisons D.N.L.-Langues existant dans les sections européennes. Elle n'exclut pas pour autant les sections internationales et les sections *Abi-bac*. Chaque coopérative pédagogique virtuelle existe dès lors qu'elle réunit un certain nombre de participants actifs autour d'un modérateur. Elle facilite le travail des professeurs des sections bilingues, qui pourront adapter les fiches proposées au niveau de leur classe. Reste à régler la question des droits d'auteur. Sur la base EuroDNL, les documents sont retravaillés et les références des sources sont minutieusement indiquées. Mais la question demeure pour les documents numérisés, même à usage pédagogique. Enfin, les T.I.C.E. (Techniques d'information et de communication éducatives) doivent permettre de développer des échanges, sans qu'un déplacement à l'étranger soit toujours nécessaire car il est souvent difficile de les réaliser, faute de financement adéquat.

Parallèlement, un travail de recensement du matériel pédagogique existant serait à faire. Ce travail a débuté, soit par certains services de documentation des C.R.D.P.ou C.D.D.P., soit par certains I.U.F.M., mais sans toutefois créer de synergies. Une répartition plus judicieuse sous la responsabilité d'un organisme fédérateur serait la bienvenue. Pour le français et l'allemand du premier degré, c'est la mission du centre transfrontalier de St. Avold / Lorraine et celle du C.F.E.B. de Guebwiller de l'I.U.F.M. d'Alsace. Pendant longtemps, faute de recherches sur le sujet, les autorités scolaires ont préconisé le "bilinguisme équilibré" et les "compétences comparables" à atteindre dans les deux langues, sans préciser ni le niveau de maîtrise linguistique à atteindre ni les méthodes à suivre. Réclamés depuis longtemps (Groux, 96, p.177), les programmes de langues étrangères ou régionales pour l'ensemble du territoire sont désormais disponibles pour les enseignements à trois heures / semaine de langues (B.O. 2003 Hors-série n° 2 du 19 juin 2003). Nous disposons dorénavant d'un cadrage national pour le concours de recrutement des professeurs des écoles, d'un cadrage pour la formation initiale en IU.F.M. et d'un cadrage pour les programmes en langue à l'école primaire. Seule réserve : les nouveaux curricula de langue sont pensés en termes de programmes pour telle ou telle langue sur le mode de la parité, fussent-ils harmonisés entre eux. On aurait pu proposer une distribution complémentaire à l'intérieur d'un projet langagier général de l'école, voire de la société, un peu à l'image de ce qui se fait dans le projet global des langues imaginé par le professeur Georges Lüdi pour la Suisse. Cette dernière solution permettrait sûrement mieux de mettre les différents dispositifs des langues proposées à l'école primaire (extensif, intensif, paritaire, langue vivante, régionale ou d'origine) en synergie : dans chaque dispositif, on aurait des séquences d'enseignement dans lesquelles la langue ne serait pas objet de cours, mais langue véhiculaire. Parallèlement, il faudrait maintenant octroyer des moyens pour élaborer des outils pédagogiques spécifiques en accord avec les nouveaux programmes. A ce titre, il pourrait être intéressant de fédérer les sites bilingues publics dans une académie ou un département, de créer des réseaux de maîtres bilingues, avec des échanges sur Internet, mais également des journées où des acteurs du bilinguisme pourraient se retrouver. En 2002 a eu lieu pour la première fois à l'I.U.F.M. d'Alsace, une journée du bilinguisme consacrée aux maîtres d'accueils et maîtres temporaires, afin de leur expliquer les nouvelles formations. L'institution scolaire et les partenaires de formation peuvent ainsi valoriser le travail accompli sur le terrain tous les jours, surtout si la réunion a lieu dans un lieu hautement symbolique, comme celui d'un *Centre de formation aux enseignements bilingues de l'académie de Strasbourg.* Une deuxième journée du bilinguisme a réuni en 2003 plus de cent cinquante participants à Guebwiller pour des conférences, des ateliers et des expositions de matériel pour l'enseignement bilingue par des éditeurs français et allemands. Ce travail s'inscrit dans un travail d'information qu'avait déjà réclamé le rapport ministériel concernant les sections européennes en 2000 : accès à une information substantielle auprès des I.U.F.M. ou dans les établissements d'accueil, établissement d'une liste nationale annuelle des besoins en postes de D.N.L. pour toutes les disciplines, implication plus importante des assistants de langue[82].

---

[82] http://www.education.gouv.fr/thema/langue/langue.htm

Nous pensons que plus d'informations à des niveaux divers, feraient prendre conscience que l'enseignement de certaines langues régresse au lieu de progresser et qu'il faudrait avoir le souci d'inverser cette tendance. De plus en plus de langues sont de moins en moins enseignées, autrement dit, la diversité linguistique de l'offre scolaire se réduit dangereusement. De plus, l'école ne favorise pas assez le maintien de la langue des enfants issus de l'immigration. Ne pas en tenir compte est pour beaucoup d'enfants un facteur d'échec, nous l'avons montré dans la première partie. Mais c'est aussi " *gaspiller un énorme potentiel humain, linguistique, culturel et même économique* " (Legros, 97).

Recommandations aux responsables académiques - Les responsables académiques (Recteurs, Inspecteurs et chargés de missions aux langues régionales etc.) peuvent soutenir l'enseignement bilingue à trois niveaux déterminants : celui des usagers (les élèves, les étudiants) ; celui des établissements ; celui des enseignants eux-mêmes. La majorité des mesures à prendre – et qui souvent auront déjà été prises – vont s'appliquer aux trois niveaux : élèves, chefs d'établissements et enseignants. Ce sont par exemple toutes les mesures de soutien financier, mais aussi de soutien structurel aux appariements et échanges. On pense en général surtout aux soutiens financiers : dans ce domaine, les chargés de mission aux langues régionales (au rectorat de Strasbourg, la Mission académique aux enseignements régionaux et internationaux M.A.E.R.I.) et les délégués académiques aux relations internationales et à la coopération (D.A.R.I.C.) savent qu'ils peuvent compter sur les crédits ministériels versés à l'académie par la délégation aux relations internationales et à la coopération (D.R.I.C.), mais aussi sur les aides des collectivités territoriales, région et départements. Les autorités scolaires gagneraient également à soutenir davantage des actions en direction des autres pays. A titre d'exemple, depuis deux ans, les minibus de l'action "*DeutschMobil*", soutenus par le Ministre de l'Education nationale, font le tour de France pour soutenir l'allemand dans les établissements scolaires français. En Allemagne, une action similaire les "France-Mobiles", est conduite avec l'aide de l'Ambassade de France et sous le patronage des ministres régionaux allemands de l'éducation afin de soutenir l'enseignement du français dans les écoles allemandes. Par la mise en réseau de ces deux instruments de promotion de la langue du partenaire ou du voisin, la Fédération des Maisons franco-allemandes vient de lancer les jumelages "Klasse@classe"[83] entre des écoles françaises et allemandes par le biais d'Internet, permettant aux élèves de deux classes de communiquer en temps réel, d'échanger des documents sur leurs pays respectifs, de faire connaissance avec leurs cultures et préoccupations respectives et de créer ainsi des échanges authentiques et novateurs entre les jeunes des deux pays. D'une part, en prenant exemple sur l'Alsace, les Recteurs sauront convaincre les présidents de région et de département de la nécessité de budgets en vue de la production d'outils pour l'enseignement bilingue. D'autre part, les Recteurs pourront tirer parti des ressources humaines de la formation continue, nous pensons aux possibilités offertes par les professeurs stagiaires lors de leurs 9 semaines annuelles et fractionnées de stages en responsabilité (2+3+4 ou 3+3+3) pour offrir aux enseignants du bilingue des stages de production d'outils. Les enseignants des filières bilingues devraient avoir droit à un stage par an. De manière plus large, les académies gagneraient à créer des centres de documentation et de ressources pédagogiques, en partenariat avec le C.R.D.P. et l'I.U.F.M., et à développer les offres de documentation virtuelle. A la fois pour favoriser les échanges de classe à classe, les jumelages d'établissements et la mise à disposition de ressources documentaires, les responsables académiques ont intérêt à créer des synergies au sein des régions transfrontalières, de la région Sar-Lor-Lux, du Rhin supérieur, de la Catalogne nord et la Catalogne sud… Non seulement des outils existent chez le voisin et peuvent être adaptés, exploités… mais les partenaires transfrontaliers peuvent créer des outils ensemble, par exemple lors de stages et de séminaires fondés sur le principe du travail en tandem (Blackborrow-Barré, 04). Il va de soi que l'intérêt de l'académie est d'équiper ses établissements en informatique ou de faire en sorte qu'ils le soient et de leur

[83] Contact : Fédération des Maisons franco-allemandes, c/o Maison de Heidelberg, info@maison-de-heidelberg.org

permettre de se relier au réseau Internet de l'académie, de donner une adresse électronique à chaque enseignant. Pour les échanges d'enseignants, l'académie pourra favoriser avec ses partenaires voisins – par exemple au sein d'un réseau trinational " *Trischola* " comme en Alsace – les séjours pour les maîtres allant d'une journée à une ou deux semaines. Au niveau européen, des possibilités d'échanges simultanés ou consécutifs existent. L'échange simultané résout le problème du remplacement, puisque l'enseignant étranger assurera l'enseignement dans sa langue maternelle et de plus donnera le modèle linguistique d'un natif. L'échange consécutif est plus intéressant pour les enseignants qui peuvent travailler et se documenter ensemble, mais il exige le remplacement du professeur. Enfin, à un niveau plus élevé, il est grand temps que le ministère considère les difficultés créées par l'absence de programme spécifique pour la langue régionale et passe commande à des équipes dans ce sens. C'est d'autant plus facile à présent puisqu'une base de référence existe, constituée par les programmes de langue régionale pour l'enseignement de la langue à trois heures dans le cadre des programmes pour l'école primaire. Il faudrait finalement développer la recherche fondamentale (ministère) et appliquée (programmes académiques et / ou régionaux) dans le domaine du bilinguisme. Duverger et Maillard (Duverger, Maillard, 96) l'ont bien montré : il n'y a pas de formule unique d'enseignement bilingue, il faut adapter les modalités d'introduction de la L2 et les pratiques pédagogiques aux divers types de situations qui se présentent. Diffuser ensuite les modalités efficaces ne peut être que bénéfique.

Recommandations aux I.U.F.M. - Les I.U.F.M. ont besoin de modèles de maquette de formation en langue régionale. Une première maquette de cursus bilingue a été proposée par la circulaire n° 2001-167 du 5 septembre 2001 sur les *Modalités de mise en oeuvre de l'enseignement bilingue à parité horaire*, publiée dans le cadre de l'arrêté du 31 juillet 2001 (Encart du B.O. n° 33 du 13-9-2001). Elle suggère une formation complémentaire formée de quatre éléments, un module de langue, un module de D.N.L. en langue, la rédaction d'un mémoire consacré à une problématique spécifique du bilinguisme et soutenue en L2 et en français ainsi qu'un stage de pratique accompagnée de quinze jours à trois semaines dans le pays de la langue. Ce modèle, déjà dérivé du modèle alsacien, valait pour la formation optionnelle complémentaire, avant la création du cursus spécifique autorisé par l'instauration du concours spécial. Pour la nouvelle formation des professeurs stagiaires, le modèle le plus intéressant est indéniablement celui d'un cursus binational intégré. L'expérience jusqu'ici faite en Alsace (Faure, Morgen, 04) montre la difficulté de créer un cursus qui intègre et reconnaît effectivement les modules de formation, les examens faits chez le partenaire et qui n'oblige pas à un cursus cumulatif. Dans l'exemple déjà cité associant la *Pädagogische Hochschule* de Freiburg, l'Université de Haute Alsace, le *Kultusministerium* du Land de Bade-Wurtemberg à travers les *Staatliche Studienseminare* (Centres de formation des enseignants) et l'I.U.F.M. d'Alsace, les étudiants du cursus passent successivement les épreuves de la licence puis celle de l'examen allemand, le premier *Staatsexamen*. De même, il y a encore beaucoup de difficultés à permettre davantage d'équivalences entre la formation pédagogique allemande et la formation pédagogique française, même si des progrès ont été faits dans ce sens. Enfin, le projet bilingue est pour l'instant plutôt une juxtaposition des langues et des démarches pédagogiques, qu'une préoccupation entièrement commune ; mais dans ce domaine, le dispositif mis en place oblige à des concertations mettant en commun les savoirs et savoir-faire des différents partenaires. Le cursus intégré est certainement un modèle très riche par ses apports linguistiques et culturels, y compris ceux concernant la culture professionnelle, indéniables puisqu'il oblige à une immersion totale, un an sur deux, chez le partenaire et fait découvrir *in situ* les approches scientifiques, méthodologiques et pédagogiques de la discipline… Il mérite certainement d'être développé : les cursus de ce type sont plus fréquents dans les carrières scientifiques que dans l'enseignement, qui n'en a que deux pour l'instant, celui de l'Alsace et un cursus second degré entre Lyon et Leipzig (Geiger-Jaillet, 02b, 04a, 04c). Pour développer ces cursus intégrés, il faut compter sur la réussite du processus de Bologne en cours, avec la généralisation européenne du modèle L.M.D. (licence, master, doctorat) qui est un cursus 3-5-8[84] et qui aura l'avantage d'harmoniser les cursus universitaires, ainsi que sur la généralisation des E.C.T.S. (système européen de transfert de crédits). Si les universités partenaires s'entendent sur la valeur des points (= crédits) nécessaires pour l'obtention d'une année ou des modules de D.E.U.G. ou de licence, la mobilité des étudiants, qui peuvent bénéficier de bourses Erasmus, s'en trouvera facilitée puisqu'ils ne craindront plus de " perdre du temps " à l'étranger. Une harmonisation des cursus lèvera aussi les préjugés de ceux qui trouvent que le système allemand est bien meilleur que le français ou l'inverse. Un second modèle de formation est constitué par une année complète de formation pédagogique en I.U.F.M. : c'est un minimum. Au cours de cette année, quatre éléments sont indispensables dans une formation qui suppose acquise en préalable la parfaite maîtrise de la L2 : 1) Un module comparatif d'enseignement des deux langues de l'enseignement bilingue, le français et la langue régionale ou langue seconde. C'est le point le plus délicat parce que les programmes de langue régionale font défaut et les formateurs de français et ceux de la langue régionale ont du mal à harmoniser leurs démarches. 2) Un module de D.N.L. en langue seconde, consacré aux disciplines enseignées dans la langue régionale ou seconde. Dans ce domaine, les I.U.F.M. n'ont pas toujours les formateurs de disciplines compétents en langue ; des solutions palliatives sont utilisées, par le recours aux natifs, par la cogestion du module disciplinaire par des linguistes et des collègues de disciplines. On peut aussi imaginer que les professeurs stagiaires effectuent un stage filé dans une classe du partenaire, c'est-à-dire des périodes courtes (une demi-journée par semaine) suivis de regroupements organisés avec les formateurs de l'institut de formation du pays partenaire (en Alsace, avec des enseignants du *Studienseminar*) et que ces regroupements soient centrés sur la D.N.L.. La formule, pour riche qu'elle soit, est délicate à gérer et demande beaucoup de moyens en heures de formateurs. 3) Un module, par exemple sous forme de séminaire,

[84] 3 ans = niveau licence, 5 ans = niveau master, 8 ans = niveau doctorat.

sur la pédagogie des échanges transfrontaliers (Conseil de l'Europe, 96), avec la participation d'étudiants et de formateurs du pays partenaire. Le séminaire se déroulerait par exemple sous la forme de travail en tandems, binômes binationaux, pour construire des projets d'échanges mettant en œuvre le projet de travail habituel de chaque classe. 4) Un stage d'une durée comprise entre trois semaines et trois mois dans la classe du pays partenaire, le professeur des écoles stagiaire enseignant totalement dans la langue du pays, dans la classe d'un collègue. Les I.U.F.M. commencent à savoir comment valider un stage au titre de l'un des trois stages en responsabilité obligatoires. Mais il est parfois difficile pour un professeur stagiaire de préparer et de valider un stage selon le référentiel national français et selon les objectifs de formation dans un pays qui a des référentiels, des programmes et des objectifs différents. Faire effectuer un stage en responsabilité à l'étranger, ou reconnaître un stage de type R3 (responsabilité trois semaines) à l'intérieur d'un stage plus long est un enjeu de taille : il s'agit de lever les objections des Inspecteurs d'académie et de les rassurer, de mener une concertation approfondie sur les référentiels avec les partenaires et en fin de compte, d'admettre que le référentiel français n'est pas le seul valable. Il s'agit de lever les craintes des formateurs disciplinaires du premier et du second degré qui craignent que le professeur stagiaire n'enseigne la discipline avec une démarche pédagogique étrangère. Une bonne information sur les aspects contrastifs entre dialectes et langue standard sera également nécessaire, mais ce module gagne à être placé en amont, à l'université. La seule difficulté est que les étudiants et professeurs stagiaires à l'IU.F.M. n'ont, de loin pas, tous suivi auparavant un cursus universitaire unique. On n'insistera jamais assez sur l'importance de la formation des maîtres et en particulier de celle des enseignants d'écoles plurilingues : " *la qualité des enseignants est un élément essentiel dans le processus d'apprentissage* " et " *l'amélioration des systèmes scolaires passe par le recrutement et la fidélisation de bons enseignants* " (O.C.D.E., 02, p.8). Un autre aspect important est de savoir susciter la motivation pédagogique chez les futurs enseignants et l'entretenir chez les enseignants chevronnés. L'enseignement plurilingue apparaît ainsi comme un élément moteur dans l'entretien de cette motivation par son aspect novateur. Il est important de relever le manque cruel de formateurs compétents et intéressées par la pédagogie et l'immersion linguistique. Les formateurs actuels spécialisés dans l'enseignement bilingue sont le plus souvent, à l'origine, des formateurs de langues, avec comme conséquence une connaissance réduite des disciplines autres que les langues. L'enseignement de la musique, de l'E.P.S. ou des arts plastiques les intéresse, s'ils pratiquent la musique ou le sport ou les arts plastiques en tant que loisir. Mais ces goûts personnels entrent beaucoup moins en jeu pour des disciplines comme les sciences physiques par exemple. Autant pour les professeurs du second degré détachés dans les I.U.F.M., on peut exiger de telles compétences pour un profil de poste, autant cela est quasiment impossible pour le recrutement d'un enseignant-chercheur. Exiger un profil mathématiques + anglais bilingue pour un enseignant-chercheur par exemple serait de la plus grande importance pour les formations universitaires, mais le pré-recrutement par voie de sections C.N.U. très spécialisées (Conseil national des universités), puis le recrutement dans des commissions de spécialistes séparées en "L" (langues) et "S" (scientifiques) fait pour l'instant barrage en France à des spécialisations universitaires combinées.

En guise de conclusion - Le bilinguisme peut être considéré comme un refus du repli sur soi, il est un apprentissage de la différence, du respect de la culture de l'autre et de la tolérance, de la décentration et de l'ouverture sur le monde. Le terme d'enseignement bilingue recouvre une multitude de dispositifs scolaires différents, sur le sol français, mais également à l'étranger. Il faudrait donner un sens univoque au qualificatif "enseignement bilingue" comme à celui d'"enseignement européen" ou "international". Afin de pouvoir mieux comparer et apprécier les différences, nous avons présenté quelques éléments caractéristiques de ces systèmes bilingues dans le monde autour de cinq pôles. Leur objectif commun est de doter l'enfant d'un bon bagage linguistique dans au moins une autre que sa première langue, mais de l'ouvrir également à la culture de l'autre et aux réalités internationales présentes et passées. Les dispositifs actuels tentent tous de reconstituer une partie de l'environnement qu'un bilingue de naissance trouve chez lui : une fonctionnalité de langue avec souvent une identification d'une personne à une langue, une immersion plus ou moins importante dans la langue étrangère en fonction de l'âge et du cursus envisagé, une utilisation de la langue étrangère comme moyen de communication et de transmission de savoirs. L'Education nationale propose un large choix de langues vivantes étrangères, mais la plupart d'entre elles n'y figurent que sous l'étiquette "L.V. = langue vivante", l'enseignement bilingue n'étant pas encore présent dans un nombre suffisant d'écoles et d'établissements. La France a du retard par rapport à d'autres pays européens qui ont généralisé leurs expériences depuis plus d'une vingtaine d'années. La voie la plus probante est pour l'instant celle dans laquelle on associe l'enseignement intense de la langue 2 à une pratique scolaire qui maintient la L1, ce qui engendre un renforcement mutuel. Si la L2 est utilisée comme langue d'enseignement, elle acquiert une vraie fonction, celle de langue véhiculaire. L'enseignement de disciplines en L2 est motivant pour les élèves et crée, à partir de situations authentiques variées, des compétences textuelles poussées. C'est le dispositif le plus développé en France, celui de l'enseignement (paritaire) français / langue régionale, que nous avons mis au centre de nos préoccupations. Nous l'avons illustré à partir d'un exemple concret, celui de l'Alsace. Certes, la langue est au service des disciplines et les disciplines sont au service de la langue, mais une véritable intégration est souvent difficile à construire. Il faudrait arriver à un nouveau stade, celui de faire accepter qu'on apprend mieux dans deux langues que dans une seule. Mais attention, apprendre "mieux" ne veut pas dire apprendre plus facilement. Apprendre "mieux" veut dire plus intensément, plus profondément, peut-être de façon plus durable. Le prix en est un travail scolaire intense, relayé par un suivi scolaire à la maison, le tout dans un contexte d'un projet de bilinguisme établi par la famille.

Nous espérons avoir apporté des informations utiles aux lecteurs et les avoir encouragés à choisir la voie bilingue pour leur(s) enfant(s) ou à la conseiller aux personnes de leur entourage. Afin de donner toutes les clés de compréhension, nous avons également présenté la problématique du recrutement et de la formation des enseignants bilingues. Des enseignants formés au bilinguisme, se définissant eux-mêmes comme bilingues (même si leur compétence n'est pas égale dans les deux langues), sont mieux en mesure de construire un bilinguisme chez leurs élèves..

ANNEXE

Implantations des sections internationales en France par choix de langue

(Source : http://www.education.gouv.fr/int/fiches/secinter.htm, mis à jour de décembre 2002)

Sections allemandes :

- école La Houille blanche à Grenoble ; - collège international à Fontainebleau ; - cité scolaire internationale à Lyon-Gerland ; - cité scolaire internationale à Grenoble ; - lycée et collège de Ferney-Voltaire ; - lycée et collège d'Hennemont à Saint-Germain-en-Laye ; - lycée et collège à Sèvres ; - école Robert Schuman à Strasbourg, - école Conseil des Quinze à Strasbourg, - collège de l'Esplanade et lycée des Pontonniers à Strasbourg[85] ; - collège et lycée Honoré de Balzac à Paris ; - Centre international de Valbonne ;

Sections américaines :

- collège Cheverus et lycée F. Magendie à Bordeaux ; - école des Sartoux ; - Centre international de Valbonne ;- cité scolaire internationale à Lyon-Gerland ; - lycée et collège d'Hennemont à Saint-Germain-en-Laye ; - collège des Hauts Grillets ; - lycée et collège M. Roby à Saint-Germain-en-Laye ; - cité scolaire internationale à Grenoble ; - école active bilingue Jeannine Manuel à Paris ;

Sections britanniques :

- école La Houille blanche à Grenoble ; - collège international à Fontainebleau ; - cité scolaire internationale à Grenoble ; - cité scolaire internationale à Lyon-Gerland ; - lycée et collège de Ferney-Voltaire ; - école R. Schuman, école Conseil des Quinze ; - collège de l'Esplanade et lycée des Pontonniers à Strasbourg ; - lycée et collège d'Hennemont à Saint-Germain-en-Laye ;- collège Pierre et Marie Curie du Pecq ; - lycée et collège de Sèvres ; -

---

[85] L'O.I.B. est maintenu à Strasbourg, à l'exception des élèves étudiant l'allemand, qui doivent passer *l'Abi-bac.*

lycée et collège Honoré de Balzac à Paris ; - collège Mignet à Aix-en-Provence et lycée G. Duby à Luynes ; - école active bilingue-Jeannine Manuel à Paris ; - lycée Marc Chagall à Reims ;

Sections espagnoles :

- cité scolaire internationale à Lyon-Gerland ; - lycée et collège de Ferney-Voltaire ; - lycée et collège H. de Balzac à Paris ; - collège de l'Esplanade et lycée des Pontonniers à Strasbourg ; - lycée et collège d'Hennemont à Saint-Germain-en-Laye ; - cité scolaire internationale à Grenoble ; - lycée Marseilleveyre à Marseille ; - Centre international de Valbonne ; - collège Cheverus et lycée F. Magendie à Bordeaux ; - collège Irandatz à Hendaye ; - lycée M. Ravel à Saint Jean de Luz ; - collège Michelet et lycée Saint-Sernin à Toulouse ;

Sections italiennes :

- école Jean Jaurès à Grenoble ; - cité scolaire internationale à Grenoble ; - cité scolaire internationale à Lyon-Gerland ; - école Sévigné de Roubaix, école E. Herriot à Tourcoing ; - lycée international Europole à Grenoble ; - lycée et collège de Ferney-Voltaire ; - collège de l'Esplanade et lycée des Pontonniers à Strasbourg ; - lycée et collège d'Hennemont ; - collège des Hauts-Grillets à Saint-Germain-en-Laye ; - lycée Marseilleveyre à Marseille ; - Centre international de Valbonne ;

Sections néerlandaises :

- lycée et collège de Ferney-Voltaire ; - lycée et collège d'Hennemont à Saint-Germain-en-Laye ;

Sections portugaises :

- lycée Montaigne à Paris ; - lycée et collège d'Hennemont à Saint-Germain-en-Laye ; - cité scolaire internationale et école Joseph Vallier à Grenoble ;

Sections danoises, norvégiennes, suédoises : - lycée et collège d'Hennemont à Saint-Germain-en-Laye ; - lycée et collège de Ferney-Voltaire ;

Les sections suivantes sont de création récente ou en cours d'officialisation :

Sections arabes :

- école Joseph Vallier à Grenoble ; - cité scolaire internationale à Grenoble ; lycée et collège Honoré de Balzac à Paris ;

Sections japonaises :

- lycée et collège d'Hennemont à Saint-Germain-en-Laye ; - cité scolaire internationale à Lyon-Gerland ;

Sections polonaises :

- collège des Hauts-Grillets et lycée et collège d'Hennemont à Saint-Germain-en-Laye ; cité scolaire internationale à Lyon-Gerland ; collège de l'Esplanade et lycée des Pontonniers à Strasbourg.

BIBLIOGRAPHIE

ABDALLAH-PRETCEILLE, M., 1988, *Les politiques multiculturelles et les conséquences pour les enseignants*, Paris, Rapport de l'O.C.D.E.

ACADEMIE DE STRASBOURG, 1980, 1987, *Le programme Langue et culture régionales en Alsace*, 1982-1990 (épuisé) et 1991-1997. (Textes ministériels et rectoraux), Strasbourg, Rectorat de Strasbourg.

ACADEMIE DE STRASBOURG, 1994, *Les objectifs pédagogiques de l'enseignement bilingue*, Circulaire du 20 décembre 1994, Strasbourg, Rectorat de Strasbourg.

ACADEMIE DE STRASBOURG, 1997, *Rapport de la commission d'évaluation de l'enseignement des langues 1996-1997*, Strasbourg, Rectorat de Strasbourg.

ACADEMIE DE STRASBOURG, 2001, *Modalités de mise en œuvre de l'enseignement bilingue à parité horaire*, Circulaire du 5 septembre 2001, Strasbourg, Rectorat de Strasbourg.

ADOLF, P., 1996, *Dictionnaire alsacien-anglais comparatif et bilingue. L'anglais par l'alsacien.* En collaboration avec R. Matzen, Obernai, Université populaire d'Obernai, Le Verger éditeur.

ALEEMI, J., 1991, *Zur sozialen und psychischen Situation von Bilingualen. Persönlichkeitsentwicklung und Identitätsbildung*, Frankfurt a.M., Peter Lang.

ANDERSON, J.R., 1982. Acquisition of Cognitive Skill, *Psychological Review*, n° 84/4, Washington D.C., American Psychological Association, 369-406.

BACH, G., NIEMEIER, S. (éd.), ^{2}2002, *Bilingualer Unterricht. Grundlagen, Methoden, Praxis, Perspektiven.* (Kolloquium Fremdsprachenunterricht 5), Frankfurt a.M., Peter Lang.

BAKER, C., 1988, *Key Issues in Bilingualism and Bilingual Education*. Clevedon, Multilingual Matters.

BAKER, C., 1995, *A Parents' and Teachers' Guide to Bilingualism*. Clevedon, Multilingual Matters.

BEARDSMORE, B.H., 2000, Typologies des modèles de l'éducation bilingue, *Le Français dans le Monde*, Paris, CLE, janvier 2000, 77-84.

BENTOLILA, A., (sous la dir.), 2000, *Profession parents. Guide de l'école maternelle et élémentaire destiné aux parents d'élèves*, Paris, Nathan.

BILLIEZ, J. (sous la dir.), 2003, *Contacts de langues. Modèles, typologies, interventions*. Paris, L'Harmattan.

BLACKBORROW-BARRE, A., 2004, Enseignement en tandems bi-nationaux franco-allemands, *Actes de l'Université d'automne de l'I.U.F.M.*, (CFEB 24-27 octobre 2002), Paris, M.E.N., DESCO, 227-231.

BLANCHE-BENVENISTE, C., VALLI, A. (éd.)., 1997, L'intercompréhension : le cas des langues romanes, *Le français dans le monde*, Paris, CLE, janvier 1997.

BLONDIN, C., CANDELIER, M., EDELENBOS, P., JOHNSTONE, R., KUBANEK-GERMAN, A., TAESCHNER, T., 1998, *Fremdsprachen für die Kinder Europas*, Berlin, Cornelsen. Bruxelles, De Boeck [trad. fr. *L'enseignement précoce: quels résultats, dans quelles conditions ?]*.

BOTHOREL-WITZ, A., 2000, Les langues en Alsace, *DiversCité Langues,* Edition en ligne Vol. V., Québec, Teluq, disponible en ligne http://www.teluq.uquebec.ca/diverscite

BOTHOREL-WITZ, A., HUCK, D., 2003, Alsace et Moselle-Les dialectes alsaciens, *Les langues de France*, textes rassemblés par Alessio, M., Sibille, J. (sous la dir. de Cerquiglini), Paris, P.U.F, 33-34.

BOTHOREL-WITZ, A., 2004, La langue régionale en Alsace, polysémie et polémiques, *Actes de l'Université d'automne de l'I.U.F.M.*, (CFEB 24-27 octobre 2002), Paris, M.E.N., DESCO, 37-49.

BRESSOUX, P., 1997, Le maître aussi fait son effet, *Cahiers Pédagogiques*, n°354, Paris, C.R.A.P., 16-18.

BRÜGGER, F., SIEGART, R., ANDEREGGEN, Y., 1999, Trois modèles d'immersion réciproque allemand-français au niveau post-obligatoire, *Babylonia,* 4-1999, Comano, Fondation Langues et Cultures, 29-31.

BUFE, W., 1994, Les lycées à section bilingue en Allemagne : analyse critique, *Praxis des neusprachlichen Unterrichts*, Dortmund, Lensing, 165-173.

CALVE, P., 1992, Corriger ou ne pas corriger, là n'est pas la question, *La Revue canadienne des langues vivantes*, n°48/3, Toronto, University of Toronto Press, 458-471.

CANDELIER, M., HERMANN-BRENNECKE, G., 1993, *Entre le choix et l'abandon : les langues étrangères à l'école, vues d'Allemagne et de France.* Paris, Didier/Crédif.

CANDELIER, M., 1998, L'éveil aux langues à l'école primaire, le programme européen "Evlang", BILLIEZ, J. (éd.) *De la didactique des langues à la didactique du plurilinguisme - Hommage à Louise Dabène*. Grenoble, CDL – Lidilem, 299-308.

CASTELLOTI, V., 2001, *La langue maternelle en classe de langue étrangère*. Paris, CLE (Didactique des langues étrangères).

CARE, J.-M., 2000, L'année zéro des programmes bilingues, n° spécial *Le Français dans le monde*, Paris, CLE, janvier 2000, 134-140.

CERQUIGLINI, B., 1999, *Les Langues de la France*. Rapport au Ministre de l'Education nationale et à la Ministre de la culture et de la communication, Avril 1999, consultable en ligne : http://www.culture.fr/culture /dglf/lang-reg / rapport_cerquiglini / langues-france.html

CERQUIGLINI, B., (dir.), 2003, *Les langues de France*, Paris, PUF.

CICHON, P., 1997, " Contact vs. conflit. Quelques remarques sur la valeur explicative des deux concepts dans l'analyse sociolinguistique ", BOYER, H. (éd.), *Plurilinguisme: "conctact" ou "conflit" des langues?*, Paris, L'Harmattan, 37-50.

CINQUIEME COLLOQUE de Saint-Germain-en-Laye, 2000, *L'Enseignement multilingue et multiculturel, une chance pour l'Europe. Exemples de sections internationales,* St.-Germain-en-Laye, Fondation des amis du lycée international.

C.I.E.P., 1995, *Revue internationale d'éducation,* n° 7 *Enseignements bilingues*, septembre 1995, Sèvres, Centre International d'Etudes Pédagogiques.

C.R.D.P. d'Auvergne (éd.), 1993, *Enseigner les langues vivantes à l'école élémentaire.* Colloque national 25 et 26 janvier 1993, Clermont Ferrand, C.R.D.P.

CHALMEL, L., 1999, Bilinguisme, culture et formation initiale des enseignants au Sud-Liban, *Nouveaux Cahiers d'Allemand,* Nancy, A.N.C.A., Mars 1999-1, 295-303.

COLLOQUE I.U.F.M., 2003, *Colloque international sur l'enseignement de l'allemand, langue régionale en Alsace*, le 21/22 mars 2003, Strasbourg – Guebwiller, http://www.alsace.iufm.fr/web/connaitr/cfeb/tout_colloque_2003_actes.htm

CONSEIL DE L'EUROPE, 1996, *Repères pour la formation des enseignants à la pédagogie des échanges,* Strasbourg, Conseil de la Coopération Culturelle.

CONSEIL DE L'EUROPE, 2000, *Cadre européen commun de référence pour les langues. Enseigner, apprendre, évaluer.* Strasbourg, Conseil de l'Europe/ Didier.

COSTE, D., MOORE, D., ZARATE, G., 1997, *Compétence plurilingue et pluriculturelle, vers un Cadre Européen Commun de référence pour l'enseignement et l'apprentissage des langues vivantes : études préparatoires.* Strasbourg, Conseil de l'Europe. Publié aussi dans *Le français dans le monde*, juillet 1999.

CUMMINS, J., 1979, " Linguistic interdependence and the educational development of bilingual children ", *Review of Educational Research,* n° 49, Washington D.C., American Educational Research Association, 222-251.

CUMMINS, J. 1987, L'éducation bilingue : théorie et mise en œuvre, O.C.D.E., (éd), *L'éducation multiculturelle.* Paris, O.C.D.E., 323-353.

DABENE, L., 1975, L'enseignement de l'espagnol aux francophones (pour une didactique des langues voisines), *Langages,* n°39, Paris, Larousse, 51-64.

DABENE, L., 1992, Le développement de la conscience métalinguistique : un objectif commun pour l'enseignement de la langue maternelle et des langues étrangères, *Repères*, n°6, Paris, INRP, 13-22.

DALGALIAN, G., 2000, *Enfances plurilingues. Témoignage pour une éducation bilingue et plurilingue*, Paris, L'Harmattan.

DESCO, 2001a, *Enquête DESCO auprès des inspections académiques,* décembre 2001, http://www.eduscol.education.fr

DESCO, 2001b, *Actes du séminaire L'enseignement des langues vivantes dans le premier degré*, Paris, 20/21 novembre 2001, http://eduscol.education.fr/index.php?./ D0033/langvivecole_acte.htm

DELAUNAY, A., 1973, *Pédagogie de l'école maternelle. Principes et Pratique*, 2 tomes. Paris, Fernand Nathan.

DEPREZ, C., 1994, *Les enfants bilingues : langues et familles,* Paris, Didier (Collection CREDIF essais).

DE SAUSSURE, F., 1916 [première édition], *Cours de linguistique générale,* Paris, Payot, 1995.

DEYON, P., 1985, Le programme langue et culture régionales en Alsace, Juin 1982 - Juin 1985, Bilan et perspectives, 5 juillet 1985, Strasbourg, Académie de Strasbourg.

DULAY, H., BURT, M., 1974, Natural sequences in child second language acquisition, *Language Learning* n° 4, Language Learning Research Club at the University of Michigan, 37-52.

DUVERGER, J., MAILLARD, J.-P., 1996, *L'enseignement bilingue aujourd'hui*. Paris, Albin Michel.

DUVERGER, J. (coord.), 2000, Actualité de l'enseignement bilingue. *Le Français dans le Monde,* Janvier 2000, Paris, Clé.

EURYDICE, 1997, *La place des parents dans les systèmes éducatifs de l'Union européenne : synthèse comparative et descriptions nationales.* http://www.eurydice.org/Documents/Parents/fr/FrameSet.htm

FAURE, M., MORGEN, D., 2004, Le cursus binational intégré. Integrierter Studiengang, *Actes de l'Université d'automne de l'I.U.F.M.-CFEB* (24-27 octobre 2002), Paris, M.E.N - DESCO, 149-152.

GAJO, L., 2001, *Immersion, bilinguisme, interaction en classe,* Paris, Didier.

GAJO, L., 1998, A vos palmes ou à vos plumes : quelques considérations sur l'immersion, BILLIEZ, J. (dir.) : *De la didactique des langues à la didactique du plurilinguisme. Hommage à Louise Dabène,* Grenoble, CDL-Lidilem, 271-277.

GARABADIAN, M. (coord.), 1991, Enseignements/Apprentissages précoces des langues, *Le Français dans le Monde,* Paris, Clé.

GEIGER-JAILLET, A., 1997, Zur Situation der Fremdsprachen und speziell des Deutschen in Frankreich, RAASCH, A., (éd.), 1997, *Sprachenpolitik Deutsch als Fremdsprache - Länderberichte zur internationalen Diskussion*, Rodopi, Amsterdam – Atlanta GA, 43-47.

GEIGER-JAILLET, A., 1999, De l'expérience alsacienne du bilinguisme aux approches plurilingues, quelles légitimités ?, *Nouveaux Cahiers d'Allemand*, Mars 1999-1, Nancy, A.N.C.A., 157-170.

GEIGER-JAILLET, A., 2001, Ecoles primaires plurilingues : Quelle immersion pour quel plurilinguisme ?, REGNAULT, E., FOLLIER, GAUTHIER, (dir.), Les enjeux du pluralisme linguistique pour les systèmes d'éducation et de formation, *Actes du XXIIIème Congrès International d'Education Comparée* de l'AFEC (Association francophone d'éducation comparée), du 8 au

10 juillet 1999 à Strasbourg, Vol. 54 Education comparée, Sèvres, AFEC, 139-144.

GEIGER-JAILLET, A., 2002a, Rendre possible l'appellation 'Euregio-Lehrer', *Education et Sociétés plurilingues,* n°12 juin 2002, Aoste, C.M.I.E.B.P., 91-103.

GEIGER-JAILLET, A., 2002b, *Etat des lieux de l'enseignement bilingue en France / Bestandsaufnahme von mehrsprachigem Unterricht in Frankreich,* Projet Comenius MEMO (Elaboration de modules en langues européennes), sur Internet http://www.pze.at/memo/

GEIGER-JAILLET, A., MORGEN, D., 2003, Expériences pratiques : La formation des enseignants à l'enseignement bilingue du premier degré à l'I.U.F.M. d'Alsace, *Actes du colloque d'experts : Les langues en Europe : diversité culturelle et garantie démocratique*", Strasbourg, 20 - 21 novembre 2001, Académie de Droit européen de Trèves (ERA) et Centre des Etudes européennes de Strasbourg, (manuscrit non publié de 12 p.).

GEIGER-JAILLET, A., 2004a, Les formations bilingues premier degré en Alsace aux confluents des traditions allemandes et françaises, *Actes de l'Université d'automne de l'I.U.F.M.-CFEB,* 24-27 octobre 2002, M.E.N.-DESCO, 181-196.

GEIGER-JAILLET, A., 2004b, Sprachunterricht : Die Modelle 3-6-13 und ihre Umsetzung im Elsass, SCHLEMMINGER, G., *Didaktische und pädagogische Aspekte bilingualen Lehrens und Lernens in der Grundschule*, Baltmannsweiler, Schneider Hohengehren, à paraître.

GEIGER-JAILLET, A., 2004c, Mehrsprachige Lehrerbildung für bilingualen Sachfachunterricht: Wo stehen Deutschland und Frankreich?, DENK, R. (éd.): *Nach Europa unterwegs: Grenzüberschreitende Modelle der Lehrerbildung im Zeichen europäischer Mehrsprachigkeit*, Pfaffenweiler, Centaurus-Verlag.

GERMAIN, C., NETTEN, J., 2004, Developing the curriculum for intensive French, *Revue canadienne de linguistique appliquée / Canadian modern language review*, vol.60 n°3, Ottawa-Ontario, A.C.L.A., 295-308.

GENELOT, S., 1997, L'enseignement des langues vivantes à l'école élémentaire : éléments d'évaluation des effets au collège, *Revue Française de Pédagogie*, n°118, janv.- mars 1997, Paris, INRP, 27-42.

GENESEE, F., 1987, *Learning Trough Two Languages. Studies of Immersion and Bilingual Education: Canadian Perspectives*. Cambridge, Newbury House.

GIRARD, D., 1974, *Les langues vivantes*, Paris, Larousse, coll. Enseignement et pédagogie.

GIRARD, D., 1995, *Enseigner les langues : méthodes et pratiques*, Paris, Bordas.

GAUDEMAR J. P. (de), 1997, Circulaire du 20 septembre 1991 *Le programme Langue et culture régionales en Alsace, 1990-1997*, Strasbourg, Académie de Strasbourg.

GROUX, D., 1996, *L'enseignement précoce des langues, des enjeux à la pratique*, Lyon, Chronique Sociale.

GROUX, D., 1998, *Etude de cas* présentée sur le site Innova (Observatoire européen des innovations en éducation et en formation) : *Ecole bilingue franco-arabe de la rue de Tanger, Paris XIXème.* http://www.inrp.fr/Acces/Innova/Savoirs_nouveaux /Etudes_de_cas/Apprentissage_langues/Rfrance_2_09_page_totale .htm

GUIBERT, N., 2001, La place des langues régionales à l'école devant le Conseil d'Etat, *Le Monde*, 28/29 octobre 2001.

HAGEGE, C., 1996, *L'enfant aux deux langues,* Paris, O.Jacob.

HABERSTEDT, W., 2003, Le Portfolio européen des langues, MEIβNER, F.-J., PICAPER, I. (éd.), *La didactique du plurilinguisme,* Tübingen, Narr, 82-91.

HAMERS, J., BLANC, M., 1983, *Bilingualité et bilinguisme*, Brüssel, Mardaga.

HELOT, C., 1997, Les dimensions sociales et affectives du bilinguisme précoce : quelles incidences pour l'enseignement des langues à l'école, *Les Cahiers du CIRID* (6), Strasbourg, Université Marc Bloch.

HELOT, C., YOUNG, A., 2000, L'enseignement des langues à l'école : Pour une plus grande prise en compte du pluralisme culturel, *La Revue des deux rives : Europe-Mahgreb*, n°2. Paris, L' Harmattan, 27-41.

HERRENBERGER, A. (coord.), 1999, *Vers une pédagogie inter-langues*, Strasbourg, CRDP d'Alsace.

HUCK, D., 1995, L'enseignement bilingue à l'école préélémentaire et élémentaire : genèse, état des lieux et problèmes , BONNOT, J.F., (dir.), *Paroles régionales. Normes, variétés linguistiques et contexte social*, Strasbourg, Presses Universitaires de Strasbourg, 113-137.

HUCK, D., 1999, Quelle langue régionale en Alsace?, *lidil,* n°20, (Revue de linguistique et de didactique des langues), Grenoble, Université Stendhal, 43-60.

HUCK, D., 2004, Politiques linguistiques éducatives en Alsace, *Actes de l'Université d'automne de l'I.U.F.M.*, (CFEB 24-27 octobre 2002), M.E.N., DESCO, 25-35.

HUCK, D., LAUGEL, A. LAUGNER, M., 1999, *L'élève dialectophone en Alsace et ses langues. L'enseignement de l'allemand aux enfants dialectophones à l'école primaire. De la description contrastive dialectes / allemand à une approche méthodologique. Manuel à l'usage des maîtres*. Strasbourg, Éditions Oberlin.

I.U.F.M., 2000, *Les formations bilingues à l'I.U.F.M. d'Alsace* (brochure), à télécharger sur http://www.alsace.iufm.fr

INSEE Alsace, 2002, *Chiffres pour l'Alsace*, n°12, décembre, Strasbourg, INSEE.

KAPLUN, C., 1995, *L'arabe, une arme contre l'échec scolaire*, *Le Monde de L'Education* n°231, novembre, 37-38.

KRASHEN, S., 1981, *Second Language Acquisition and Second Language Learning*, Oxford, Pergamon.

KRECHEL, H.-L., 2000, Techniques d'apprentissages et de travail dans les classes bilingues, *Le français dans le monde,* janvier 2000, Paris, Clé, 159-170.

KIELHÖFER, B., 1997, *Französische Kindersprache*, Tübingen, Stauffenberg Verlag.

KIELHÖFER, B., JONEKEIT, S., 1985, *Education bilingue.* Tübingen, Stauffenburg. [Original allemand *Zweisprachige Kindererziehung*, 1983, même éditeur].

KLEIN, W., 1989, *L'acquisition de langue étrangère,* A. Colin, Paris (traduction française C. Noyau), 1992[3], [Original allemand *Zweitspracherwerb*, Athenäums Studienbuch Linguistik].

KUSSAIBI, N., 2001, L'enseignement de l'arabe en Alsace : Etat des lieux, enjeux et perspectives, *Bulletin Régional de l'APLV d'Alsace* 63 / 2001, 3-9, également sur Internet, http://averreman.free.fr/aplv/num63-arabealsace.htm

LA CLASSE (coll.), *Spécial I.U.F.M. – professeurs des écoles,* tous les ans à la rentrée.

PEASE, A., B., 2001, *Pourquoi les hommes n'écoutent jamais rien et les femmes ne savent pas lire les cartes routières*, Paris, First Editions. [trad. de l'anglais par Thomas Segal].

LAMBERT, W.E., TUCKER, R., 1972, *Bilingual Education of Children. The St Lambert Experiment,* Rowley MA, Newbury House.

LECLERC, J., Le canton de Berne, *Centre International en Aménagement Linguistique au Québec,* http://www.tlfq.ulaval.ca/axl/EtatsNsouverains/berne.htm

LEGROS, N., 1996-97, *La formation des enseignants et l'éducation bilingue en France*, sous-projet *6* du Conseil Européen des Langues : *Language teacher training and bilingual education,* accès via http://fu-berlin.de/elc/tnp1/SP6NatRepFR.doc

LEOPOLD, W., 1939-1949, *Speech development of a bilingual child.* 4 volumes, Evanston Il, Northwestern University Press.

LERALU, C., 1993, L'enseignement bilingue dans les écoles publiques du pays basque français, *Nouveaux Cahiers d'Allemand,* 1993-3, Nancy, A.N.C.A., 331-334.

LESPINAY (de), C., 1999, *Langues régionales et "trans-régionales" de France*, http://www.culture.fr/culture/dglf/lang-reg/methodes-apprentissage/1langreg.htm

LESOURNE, J., 1988, *Éducation et société de demain : à la recherche des vraies questions*, Rapport au Ministre de l'Education nationale.

LEVELT, W.J.M., 1989, *Speaking. From Intention to Articulation*, Cambridge Mass, MIT Press.

LIDIL, 2003, *La littéracie. Vers de nouvelles pistes de recherche didactique*, n° 27 de juillet 2003, Grenoble, PUG.

LIETTI, A., 1994, *Pour une éducation* bilingue, Paris, Bibliothèque Payot.

LÜDI, G., 1998, L'enfant bilingue : chance ou surcharge ?, ARBA 8, *Elaboration d'un projet linguistique pour la Suisse,* http://www.romsem.unibas.ch/sprachenkonzept/ Annexe_8.html

LÜDI, G., PY, B., 1986, ^{2}2002, *Etre bilingue, devenir bilingue*, Berne, Peter Lang. [Original allemand *Zweisprachigkeit durch Migration*, Niemeyer].

MARCHAL, A., COLINET, C., 2000, Le cursus bilingue en Alsace à l'école et au collège, *Actes de l'université d'automne 2002, Enseigner en classe bilingue*. M.E.N., 235-240.

M.A.E.R.I., 2002, *L'enseignement bilingue dans le 1er degré public et privé sous contrat. Situation au 15/1/2002,* Rectorat de Strasbourg.

M.A.E.R.I., 2003, *Effectif des classes bilingues paritaires : Année 2002 / 2003*, Rectorat de Strasbourg.

M.E.N. (Ministère de l'Education nationale), 2003, B.O. hors-série n°2 du 19 juin 2003 *Langues étrangères ou régionales à l'école primaire*, a) *Programme transitoire d'enseignement des langues étrangères ou régionales au cycle des approfondissements de l'école primaire* A. du 30-5-2003. J.O. du 11-6-2003 (NOR MENE0301160A), b) *Programme d'enseignement des langues étrangères ou régionales à l'école primaire* A. du 30-5-2003. J.O. du 11-6-2003 (NOR.MENE0301159A).

M.E.N. / I.G.E.N, 2001, rapport : *L'enseignement des langues vivantes étrangères à l'école primaire* (auteurs : Belletto-Sussel/Scoffoni/Richon), février 2001, ftp://trf.education.gouv.fr/ pub/edutel/syst/igen/lvprimaire.pdf

M.E.N., 2000, rapport : *Les sections de langue européenne et orientale*, août 2000, http://www.ciep.fr/echanges /cgi/enseigner _fr.php3?id_cat=136

M.E.N., 2002, Dossier de presse, *Les 10 ans des sections européennes,* 12 Mars 2002.

MAHLSTEDT, S., 1996, *Zweisprachigkeitserziehung in gemischtsprachigen Familien. Eine Analyse der erfolgsbedingenden Merkmale*, Frankfurt u.a., Peter Lang.

MEIβNER, F.-J., 2003, La didactique du plurilinguisme – un outil pour maîtriser le quadrilinguisme entre le Rhin et la Meuse. – Où en sommes-nous ?, MEIβNER, F.-J., PICAPER, I. (éd.), *La didactique du plurilinguisme*, 9-19.

MEIßNER, F.-J., REINFRIED, M., (éd.), 1998, *Mehrsprachigkeitsdidaktik. Konzepte, Analysen, Lehrer- fahrungen mit romanischen Fremdsprachen*, Tübingen, Narr.

MEIβNER, F.-J., PICAPER, I. (éd.), 2003, *La didactique du plurilinguisme entre la France, la Belgique et l'Allemagne (Mehrsprachigkeitsdidaktik zwischen Frankreich, Belgien und Deutschland*), Tübingen, Narr.

MEIßNER, F.-J., MEISSNER, C.C, KLEIN, H.G., STEGMANN, T.D., 2004, Introduction à la didactique de l'eurocompréhension, *EuroComRom – Les sept tamis. Lire les langues romanes dès le début.* Aachen, Shaker-Verlag, http://www.uni-giessen.de/~gb1041/plurling/esquisse.pdf

MIGEOT-ALVAREDO, J., 2000, *La relation école-familles " Peut mieux faire "*, ESF, 2000.

MORGEN, D., 1999, Europe des régions versus Europe des nations, *Bulletin régional de l'APLV de Strasbourg*, n° 2, Strasbourg, Association des professeurs de langues vivantes, 11-16.

MORGEN, D., 2000a, *L'enseignement des langues dans l'académie de Strasbourg*, document polycopié, C.F.E.B., BP 68, F- 68502 Guebwiller (52 pages).

MORGEN, D., 2000b, Alsace, un bilinguisme scolaire fondé sur les principes de précocité et de continuité éducatives, n° spécial *Le Français dans le monde*, janvier, Paris, Clé, 46 - 55.

MORGEN, D., 2002, L'enseignement bilingue en Alsace, une problématique spécifique, *Education et Sociétés Plurilingues* n°12 juin 2002, Aoste, C.M.I.E.B.P., 77-90.

MORGEN, D., 2003, La problématique de la langue régionale en Alsace, le développement de l'enseignement bilingue et la formation des maîtres, *Symposium d'Aberystwyth*, Pays de Galles, avril 2003, n°23 (11 p.), http://www.aber.ac.uk/mercator/english/events/mercSym_03-04-08.htm

MORGEN, D., 2004, La formation des futurs professeurs des écoles bilingues, *Nouveaux Cahiers d'Allemand* 2004-2, Nancy, A.N.C.A., 145-15.

NIEMEIER, S., 2000, Bilingualismus und "bilinguale" Bildungsgänge aus kognitiv-linguistischer Sicht, BACH, G., NIEMEIER, S. (éd.), *Bilingualer Unterricht*, Frankfurt a.M., Peter Lang, 27-49.

O.C.D.E., 1993, *L'Enseignement dans les pays de l'O.C.D.E. 1988/89 - 1989/90* : recueil d'informations statistiques. Paris, O.C.D.E.

PATEAU, J., 1998, Tendance ego ou ethnocentrée naturelle, NARCY, J.-P., Le monde à notre portée, d'un regard ethnocentré à une intelligence avertie , *Études de Linguistique Appliquée*, n° 112 oct.-déc. 1998, Paris, Didier-Érudition.

PEAL, E., LAMBERT, W. E., 1962, The relation of bilingualism to intelligence. *Psychological Monographs*, 76, NY, American Psychological Association, 1-23.

PELZ, M., 1999, *Sprachbegegnung und Begegnungssprache. Zur experimentellen Überprüfung des Programms "Lerne die Sprache des Nachbarn"*. Berne, Peter Lang.

PERREGAUX, C., 1994, *Les enfants à deux voix : Des effets du bilinguisme sur l'apprentissage de la lecture*, Berne, Peter Lang.

PETIT, J., ROSENBLATT, F., 2000, Evaluation des classes bilingues de l'association A.B.C.M.-Zweisprachigkeit 1999, *Nouveaux Cahiers d'Allemand*, 2000-3, Nancy, A.N.C.A., 263-295.

PETIT, J., 2001a, *Esprit (des lois) es-tu là ? Lettre ouverte au Conseil d'État du 10/11/2001,* http://perso.wanadoo.fr/.escoles/Esprit.htm

PETIT, J., 2001b, *L'immersion, une révolution*, Colmar, Editions Do. Bentzinger.

PETIT, J., 2002, *Les singularités de la prosodie française et leurs répercussions sur l'apprentissage des langues étrangères*, Actes du Colloque organisé par le GERIPA en 1999, Université de Haute Alsace : Mulhouse, (*Bibliothèque des Nouveaux Cahiers d'Allemand*), 33-67.

PHILIPPS, E., 1996, *L'ambition culturelle de l'Alsace*, Strasbourg, éditions Salde Média.

PICHON, A, 1936, *Le développement psychique de l'enfant et de l'adolescent*, Paris, Masson.

PINCK, G., 2000, Les Ecoles Européennes, Cinquième Colloque de Saint-Germain-en-Laye, 27-28.

PINTO, M.A., TAESCHNER, T., TITONE, R., 1995, Second Language Teaching in Italian Primary Education, EDELENBOS, P., JOHNSTONE, R. (éd.), *Researching Languages at Primary School : Some European Perspectives*, Stirling, Scottish CILT.

PORCHER, L, GROUX, D., 1998, *L'apprentissage précoce des langues*, (Que sais-je? 3289), Paris, PUF.

PRES, U., et al., 2003, *Der Einsatz von Portfolios in der Lehrerbildung und im schulischen Alltag.* Mainz, ILF (Institut für Lehrerfort- und weiterbildung).

PUREN, C., 1999a, Politiques et stratégies linguistiques dans l'évolution de l'enseignement des langues en France, *Les Langues modernes*, Paris, APLV, n° 2, 66-75.

PUREN, C., 1999b, La didactique des langues-cultures étrangères entre méthodologie et didactologie, *Les Langues modernes*, Paris, A.P.L.V., n° 3, 26-40.

PUREN, C., 2003, Vers une didactique comparée des langues-cultures, *Études de Linguistique Appliquée* n° 129, janvier-mars, Paris, Didier, 121-126.

RAASCH, A. (éd.), 1999, *Didactique des langues étrangères pour les régions frontalières. Concepts, expériences. Suggestions*, Sarrebruck, Université de la Sarre.

RAASCH, A., (éd.), 2000, *Fremdsprachen – Nachbarsprachen. Erfahrungen und Projekte in Grenzregionen*, Sarrebruck, Université de la Sarre.

RAASCH, A., 2002, *L'Europe, les frontières et les langues. Guide pour l'élaboration des politiques linguistiques éducatives en Europe - De la diversité linguistique à l'éducation plurilingue,* Strasbourg, Conseil de l'Europe DG IV [en fr. et en anglais].

REBUFFOT, J., 1993, *Le point sur l'immersion au Canada.* Montréal, Centre éducatif et culturel.

RENAUD, G., 1974, *La période expérimentale du Baccalauréat International,* Les Presses de l'U.N.E.S.C.O.

RONJAT, J., 1913, *Le développement du langage observé chez un enfant bilingue*, Paris, Champion.

RYAN, M., 2004, *Jahresbericht des Generalsekretärs des Obersten Rates der Europäischen Schulen*, Schola Europaea, http://www.pa-esmol.be/Files%20Interparents/Doc%202112_Jahresbericht%20GS.pdf

TITONE, R., 1974, *Le bilinguisme précoce*, Bruxelles, Charles Dessart (trad. Gustavo Soto), [original italien, 1972, *Bilinguismo precoce e educazione bilingue*].

SANDERS, G., 1983, *Enfants bilingues,* Paris, éditions du Retz.

SARTER, H., 1997, *Fremdsprachenarbeit in der Grundschule.* Darmstadt, Wissenschaftliche Buchgesellschaft.

SCHWENGLER, B., 2000, *L'Alsace bilingue*, Colmar, Editions Do Bentzinger.

SELINKER, L., 1972, Interlanguage, *International Review of Applied Linguistics*, n°10, Berlin-NW, De Gruyter, 209-231.

SIGUAN, M., 1996, *L'Europe et les langues*, Bruxelles, Mardaga.

STUDER, A., 2000, Le Lycée franco-allemand de Buc, *Cinquième Colloque de St Germain en Laye*, St Germain en Laye, Fondation des amis du lycée international, 127-128.

VANISCOTTE, F., 1996, *Les Ecoles de l'Europe. Systèmes éducatifs et dimension européenne*, Paris, I.U.F.M., Toulouse / I.N.R.P.

VARRO, G., 1995, *Les couples mixtes et leurs enfants en France et en Allemagne,* Paris, Armand Colin.

VERMES, G. (dir.), 1988, *Vingt-cinq communautés linguistiques de la France*, parler sa langue aujourd'hui en France *Tome I, Langues régionales et langues non territorialisées*, Paris, L'Harmattan.

VERMES, G., BOUTET, J., 1987, *France, pays multilingue* (Tomes 1 et 2). Paris, L'Harmattan.

VOGEL, K., 1995, *L'interlangue. La langue de l'apprenant*, (traduit de l'allemand par J.M. Brohée et J.P.Confais), Toulouse, Presses universitaires du Mirail.

VOLLMER, H.-J., 1992, Immersion und alternative Ansätz des Fremdsprachenerwerbs in Nordamerika : Probleme des Transfers in die Bundesrepublik Deutschland, *Zeitschrift für Fremdsprachenforschung*, n°3(2), Bochum, Universitätsverlag Brockmeyer, 5-38.

WALTER, H., 1994, *L'aventure des langues en Occident*, Paris, R. Laffont.

WEINREICH, U., 1977, *Sprachen in Kontakt. Ergebnisse und Probleme der Zweisprachigkeitsforschung*, München, Beck.

WERLEN, E., MEKAOUI, F., 2001, *Rapport final du projet „Cohésion et bilingualité de la formation linguistique et communicative dans l'espace du Rhin Supérieur"*. (Traduction de l'allemand). Karlsruhe, Pädagogische Hochschule Karlsruhe.

WERLEN, E., 2001, *Abschlussbericht Forschungsprojekt Interreg II „Kohäsion und Bilingualität der sprachlich-kommunikativen Ausbildung am Oberrhein*, Karlsruhe, Pädagogische Hochschule Karlsruhe, Institut für Sozialforschung und Europäische Studien.

WITTENBROCK, R., MICHAUX, G., DOSTERT, P., 1994, *Enseignement scolaire et formation d'identités collectives dans l'espace Sar-Lor-Lux,* Saarbrücken, Ottweiler Druckerei und Verlag.

WODE, H., 1974, Natürliche Zweisprachigkeit : Probleme, Aufgaben, Perspektiven, *Linguistische Berichte*, n° 32, Hambourg, Helmut Buske Verlag, 15-36.

WODE, H., 1981, *Learning a second language.* Tübingen, Narr.

WODE, H., 1995, *Lernen in der Fremdsprache. Grundzüge von Immersion und bilingualem Unterricht.* Ismaning, Max Hueber.

WODE, H., BURMEISTER, P., DANIEL, A., et al., 1996, Die Erprobung von deutsch-englisch bilingualem Unterricht in Schleswig-Holstein : Ein erster Zwischenbericht, *Zeitschrift für Fremdsprachenforschung* n°7(1), Bochum, Universitätsverlag Dr. N. Brockmeyer, 15-42.

ZYDATIß, W., 2000, *Bilingualer Unterricht in der Grundschule. Entwurf eines Spracherwerbskonzeptes für zweisprachige Immersionsprogramme,* Ismaning, Max Hueber.

Sites Internet consultés le 20-10-2004

a) Associations :

- classes associatives A.B.C.M. en Alsace : http://www.chez.com/abcm/

- classes associatives basques SEASKA : http://www.seaska.org/historiala.htm

- classes associatives bretonnes DIWAN : http://www.antourtan.org/petition/default.html

- classes associatives catalanes LA BRESSOLA : http://perso.wanadoo.fr/.escoles/

- classes associatives occitanes CALANDRETAS : http://www.cco.asso.fr/calandreta/

- LEHRER (Association des enseignants de classes bilingues paritaires en Alsace et en Moselle) : http://associationlehrer.free.fr/

- CIRAL (Centre International en Aménagement Linguistique au Québec) : http://www.tlfq.ulaval.ca/axl/

- FLAREP (Fédération pour les langues régionales dans l'Enseignement Public) : http://www.flarep.com

- ISLRF (Institut Supérieur des Langues de la République Française), Adresse : Ostal de las associacions, 15, carriera del general Marguerite, 34500 BEZIERS, http://www.aprene.org/islrf.htm.

b) Institutions publiques et initiatives publiques :

- Institut Français de Düsseldorf (renseignements sur les filières franco-allemandes) : http://mneia.org/biling/

- CoLingua, (Confédération des instituts universitaires de formations des maîtres dans la Région du Rhin Supérieur) : http://www.colingua.org

- C.I.E.P. (Centre international d'études pédagogiques), Sèvres : http://www.ciep.fr/

Education nationale :

- Rectorat de Strasbourg : http://www.ac-strasbourg.fr/index_ visiteurs.cfm

- I.U.F.M. de Strasbourg : http://www.alsace.iufm.fr

- Enseignement scolaires bilingues dans le monde en 2002 : quarante présentations de pays, régions ou systèmes scolaires bilingues dans le monde : http://www.alsace.iufm.fr/former/ form_bil/ress_peda/ens_scol/ tout.htm

- C.F.E.B. (Centre de Formation aux Enseignements Bilingues): http://www.alsace.iufm.fr/web/connaitr/tout_cfeb.htm

- EuroDNL, (Base de données à l'usage des professeurs de l'enseignement bilingue), http://www.ac-nancy-metz.fr/relinter/ eurodnl/

c) Textes officiels et ressources documentaires officielles

- EDUSCOL, Site du M.E.N. pour l'enseignement des langues à l'école, http://www.eduscol.education.fr/

- EURYDICE (réseau européen d'information sur l'éducation), différents rapports à télécharger, (http://www.eurydice.org) dont :

Les chiffres clés de l'éducation en Europe (Édition 2002)

Bibliographie thématique : *L'évaluation en éducation* (2002)

Questions clés, volume 3, *La Profession enseignante en Europe : Profil, métier et enjeux.* Rapport I : *La formation initiale et la transition vers la vie professionnelle des enseignants du niveau secondaire inférieur généra*l (2002)

Flux financiers de l'enseignement obligatoire en Europe (diagrammes 2001)

L' enseignement des langues étrangères en milieu scolaire en Europe (2001)

Descriptions nationales sur l'enseignement des langues (2001)

L'essentiel de l'enseignement des langues étrangères en milieu scolaire en Europe (2001)

Fiches nationales de synthèse des systèmes d'enseignement en Europe et des réformes en cours (2000)

La place des langues étrangères dans les systèmes éducatifs européens (2000)

La place des parents dans les systèmes éducatifs (1997)

L'éducation préscolaire et primaire (1994)

- M.E.N. (Ministère d'Education nationale) : programmes, évaluations nationales, discours des ministres et autres textes officiels, http://www.education.gouv.fr

d) Autres sites

- Site français d'information sur le bilinguisme et l'apprentissage des langues : http://www.enfantsbilingues.com/enfantsbilingues/histoires.htm

- Banque de données sur le bilinguisme et articles, par mot-clé en ordre alphabétique, University of Birmingham : http://www.edu.bham.ac.uk/bilingualism/database/ctledu.htm

INDEX DES NOTIONS

A

Abi-bac, 69, 195
acquisition, 32, 35, 36
affectif, 14, 23, 27, 29, 40, 97
altérité, 76, 182
année (classe) zéro, 67
apprentissage, 35
apprentissage précoce, 17, 31, 45, 86, 89, 118, 119, 145, 173, 176
apprentissage simultané, 17
approche cognitive, 42
attitudes positives ou négatives, 27

B

baccalauréat européen, 71
baccalauréat international de Genève, 145
bain de langue, 137
bain linguistique, 18
bénéfices culturels, 96
biculturalité, 159
bilingue de naissance, 216
bilinguisme additif, 31, 142
bilinguisme coupable, 32
bilinguisme d'élite, 32
bilinguisme de masse, 32
bilinguisme des migrants, 107
bilinguisme déséquilibré, 19
bilinguisme différé ou consécutif, 37
bilinguisme équilibré, 19, 23, 24, 27, 31, 163, 207
bilinguisme familial, 75, 137
bilinguisme fonctionnel., 49
bilinguisme institutionnel, 142
bilinguisme naturel, 23, 31, 161
bilinguisme noble, 32, 49
bilinguisme obligatoire, 59
bilinguisme positif, 142
bilinguisme pour riches et pour pauvres, 32
bilinguisme réciproque, 99
bilinguisme simultané, 37
bilinguisme soustractif, 32, 143
bilinguisme tardif, 104
bilinguisme territorial, 46, 49, 58

C

C.A.P.E.S. bivalents, 69
C.L.E.S., 122
Cadre Européen Commun de référence, 126
carte des langues, 123
catégories cognitives, 34, 39
Certificat régional d'excellence, 189
changement de langue, 21
classe immersive réciproque, 72
classe linguistiquement mixte, 143
classes méditerranéennes, 72
classes mixtes, 72
code-switching, 99
cohésion verticale, 183
compétences auditives et phonatoires, 86
compétences réceptives, 168
compétences textuelles, 90, 216
conditions d'apprentissage, 42
conscience linguistique, 18
conscience métalinguistique, 92, 97
contexte scolaire, 42
continuité école-collège, 89
coopératives pédagogiques virtuelles, 207
couples mixtes, 18
cours intégrés, 146
cursus bilingue, 46, 143, 162, 176, 184, 201, 203, 211

cursus intégré, 69, 186, 212, 213

D

D.N.L. (Discipline non linguistique), 48, 80, 83, 189, 190, 191, 209, 214
décalage, 26
délivrance simultanée, 195
dialecte, 111, 141, 156
diglossie, 157
durée, 88

E

E.C.T.S., 213
E.I.L.E., 118
E.M.I.L.E., 48, 168
Ecole, 69
école bilingue, 162
école de la rue, 81
école polyvalente, 55
école unique, 55
écoles européennes, 90
écoles parallèles, 81
éducation linguistique, 85, 95
effet maître, 87, 88
élèves transfrontaliers, 181
enfants de migrants, 141, 142, 144
enseignement, 32
enseignement à horaire renforcé, 151
enseignement bilingue, 46, 84, 149, 151
enseignement bilingue paritaire, 86, 162, 164
enseignement précoce, 86, 89, 118, 123
entrée dans la 2e langue, 65
EURODNL, 206
éveil aux langues, 99

F

facteurs internes et externes, 39
faculté de parler, 38
faculté du langage, 33, 41
faculté langagière, 12
fonction langage, 37
fonction ludique, 20, 24
fonctions, 23
formations de dominante, 121
fossilisation, 41, 101
fossiliser, 41

G

génération d'enseignement bilingue ou immersif, 48, 84

H

habilitation, 121
habitants monolingues, 58
heures européennes, 70, 90
horaire d'immersion, 87
hypothèse contrastive, 33
hypothèse d'identité, 33
hypothèse de l'interdépendance entre les langues, 93, 94, 163

I

I.L.V., 118
identité, 27, 28, 63, 105, 108
immersion, 18, 25, 39, 49, 50, 87, 136, 216
immersion naturelle, 104
immersion paritaire, 50
immersion partielle, 137, 163, 164, 169, 179
immersion précoce, 50, 66, 79, 99, 100, 106, 144
immersion précoce totale, 101, 169
immersion réciproque, 80
immersion tardive, 51, 68, 71, 79, 100
immersion totale, 65, 99
input, 13

instrument de communication, 166
instrumentalisation de la langue, 47
instrumentalité des langues, 165
interculturel, 5, 80, 126, 137, 189
interférences, 22, 35
interlangue, 15, 22
introduction précoce, 45

J

jumeaux, 17

L

langue, 141
langue affective, 23
langue d'enseignement, 47
langue de jeu, 23
langue de l'école, 23
langue de l'environnement, 19, 169
langue de l'humour, 23
langue de la famille, 18
langue de la mère, 17
langue d'enseignement, 85
langue dominante, 106, 169
langue du partenaire, 28, 29, 104, 146, 147, 196, 210
langue du père, 17
langue du voisin, 154, 180
langue faible, 19
langue forte, 19, 202
langue mixte, 21
langue nationale, 56
langue noble, 96
langue véhiculaire, 71, 137, 208, 216
langue vivante étrangère, 45
langues co-officielles, 57
langues et cultures d'origine, 142
langues officielles, 56
langues régionales, 48, 111
langues trans-régionales, 48
langues véhiculaires, 166
lexique, 15
littéracie, 94, 160
locuteurs natifs, 90

M

maîtrise comparable, 91
mariages mixtes, 25, 102
mélange de langues, 104
mélanger les deux langues, 20, 23
métaphore de l'immersion, 19, 204
méthode active, 42
méthode immersive, 42
méthode Ronjat-Grammont, 18
métier d'élève, 52, 55, 67
minorités linguistiques, 62
mobilité à l'étranger, 204
modèle du moniteur, 32, 35
modèles bilingues scolaires, 46
monolinguisme, 108
multiculturalité, 144

N

niveau seuil, 99
norme, 15, 17, 21, 26, 39

O

octogone didactique, 42
option internationale du baccalauréat, 145, 197, 198, 199
orientation précoce, 54
output, 13

P

passeport langues, 129
pays plurilingues, 58
pédagogie traditionnelle, 42
phase de latence, 15
phase productive, 12
phase réceptive, 12

plurilinguisme, 26, 60, 107, 120, 129, 137, 144, 163
portefeuille plurilingue, 126, 128
portfolio européen, 128
postes à profil, 189
première langue, 11
prestige social, 27
principe pyramidal, 162, 167
processus d'apprentissage de la lecture, 94
programme d'enrichissement, 49, 99
programme de maintien linguistique, 48
projet d'école, 175

R

rapidité d'acquisition, 49
rapport Girard, 89
réduplications, 13
réflexivité, 35
reformulation, 43
refus, 40
régions frontalières, 62
retards de langue, 26, 91

S

savoir contextuel, 38
savoir du monde, 38
section biculturelle, 104, 147
section bilangue, 186
section de langue orientale, 188
sections européennes, 47, 188
séjour à l'étranger, 19, 136, 161, 172, 178, 189
séjour d'immersion, 19, 180
séjours linguistiques, 176
semi-linguisme, 22, 32
séparation fonctionnelle des langues, 166
seuil d'ouverture, 78
seuil d'ouverture, 171
site bilingue, 85, 143, 162
situations de communication, 23, 26
statut, 27
stratégies, 47
stratégies d'apprentissage, 118
stratégies parentales, 23, 29, 32, 79
système éducatif anglo-saxon, 55
système éducatif germanique, 53, 90
système éducatif latin ou méditerranéen, 53
système éducatif scandinave, 55

T

tandem, 163, 172
territoire, 48, 56, 59, 60, 69, 83, 132, 136, 171
tétine électronique, 12
trilinguisme, 60

U

un maître - une langue, 65, 164
un maître- deux langues, 165
un maître- trois langues, 165
une classe - deux maîtres, 164
une personne - une langue, 18, 20, 28, 164

SIGLES PAR ORDRE ALPHABETIQUE

A.B.C.M.	Association pour le bilinguisme dès les classes maternelles
A.D.E.A.F.	Association pour le développement de l'enseignement de l'allemand en France
C.A.P.E.S.	Certificat d'Aptitude au Professorat de l'Enseignement du Second degré
C.D.D.P.	Centre départemental de documentation pédagogique
C.E.	Cours élémentaire , CE1 (7 à 8 ans), CE2 (8 à 9 ans)
C.E.P.E.	Concours externe de recrutement des professeurs des écoles
C.E.R.P.E.	Concours externe de recrutement des professeurs des écoles
C.F.E.B.	a) Centre de formation aux enseignements bilingues, Guebwiller (Alsace) b) Centre de formation à l'enseignement du breton, Saint-Brieuc (Bretagne)
C.I.E.P.	Centre international d'études pédagogiques
C.L.E.S.	Certificat de compétences en langues de l'enseignement supérieur
C.M.	Cours moyen, C.M.1 (9 à 10)ans), C.M.2 (10 à 11 ans)
C.P.	Cours préparatoire (6 à 7 ans)
C.R.D.P.	Centre régional de documentation pédagogique
D.A.R.I.C.	Délégués académiques aux relations internationales et à la coopération
D.C.L.	Diplôme de compétence en langues
D.E.S.C.O.	Direction de l'enseignement scolaire
D.E.U.G.	Diplôme d'études universitaires générales
D.N.L.	Discipline non linguistique
D.R.I.C.	Délégation aux relations internationales et à la coopération
E.A.B.J.M.	Ecole active bilingue Jeanine Manuel
E.I.L.E.	Enseignement d'initiation aux langues étrangères
E.L.C.O.	Enseignement de Langue et culture d'origine (voir L.C.O.)

E.M.I.L.E.	enseignement d'une matière par l'intégration d'une langue étrangère
E.P.S.	Education physique et sportive
F.L.E.	Français Langue étrangère
G.S.	Grande section (5 ans)
I.A.	Inspecteur d'Académie
I.A.-I.P.R.	Inspecteur d'Académie – Inspecteur pédagogique régional
I.E.N.	Inspecteur de l'Education nationale
I.L.V.	Initiation aux langues vivantes
I.S.L.R.F.	Institut Supérieur des Langues de la République Française
I.U.F.M.	Institut universitaire de formation des maîtres
L.C.O.	Langue et culture d'origine (voir E.L.C.O.)
L.M.D.	licence, master, doctorat
L1	Langue 1, première langue apprise, 'langue maternelle'
L2	Langue 2, deuxième langue apprise
LV	Langue vivante
M.A.E.R.I.	Mission académique aux enseignements régionaux et internationaux
M.E.N.	Ministère la jeunesse, de l'Education nationale et de la recherche
M.S.	Moyenne section (4 ans)
O.C.D.E.	Organisation de coopération et de développement économiques
O.E.B.	Option européenne et bilingue
O.I.B.	Option internationale au baccalauréat
P.E.	Professeur des écoles
P.L.C.2	Professeur des lycées et collèges deuxième année (stagiaire rémunéré)
PISA	*Programme for International Student Assessment*
S.V.T.	Sciences de la vie et de la terre
T.I.C.E.	Technique d'information et de communication éducatives

TABLES DES MATIERES

REMERCIEMENTS 3
INTRODUCTION 5

PARTIE 1 9

NAITRE BILINGUE OU LE DEVENIR PAR L'ECOLE 9

CHAPITRE 1 11

PARLER UNE LANGUE, PUIS DEUX 11
1.1. L'ENFANT DECOUVRE ET S'APPROPRIE UNE LANGUE 11
1.2. L'ENFANT GRANDIT AVEC DEUX LANGUES 17

CHAPITRE 2 31

UNE EDUCATION BILINGUE EN FAMILLE ET A L'ECOLE....... 31
2.1. FORMES DE BILINGUISME 31
2.2. PROCESSUS D'ACQUISITION 32

CHAPITRE 3 45

ENSEIGNEMENTS BILINGUES DANS LE MONDE 45
3.1. LANGUES VIVANTES : INTRODUCTION PRECOCE ET MODELES D'ENSEIGNEMENT BILINGUE 45
3.2. ANALYSE DU CONTEXTE SCOLAIRE ET SOCIETAL 52
3.2.1. Ecole et société 52
3.2.2. Organisation scolaire 64
3.2.3. Les élèves 76
3.2.4. Les parents 77
3.2.5. Les enseignants 79
3.3. AVANTAGES DE L'ENSEIGNEMENT BILINGUE 83
3.3.1. Effets bénéfiques L2, L1, L3, L4 85
3.3.2. Autres effets 95

CHAPITRE 4 .... **101**

LES RESISTANCES RENCONTREES... **101**

PARTIE 2 .... **113**

L'OFFRE DES LANGUES EN FRANCE **113**

CHAPITRE 1 .... **115**

LES LANGUES VIVANTES A L'ECOLE PRIMAIRE.................. **115**
1.1. HISTORIQUE ET ETAT DES LIEUX 115
1.2. NOUVELLES EVOLUTIONS 126

CHAPITRE 2 .... **131**

BILINGUISME NON GENERALISE **131**
2.1. LANGUES ET CULTURE D'ORIGINE (L.C.O. OU E.L.C.O.) 133
2.2. SECTIONS INTERNATIONALES 135
2.3. QUELQUES CAS SPECIFIQUES DE BILINGUISME SCOLAIRE EN FRANCE 141
2.3.1. L'école primaire de la rue de Tanger à Paris............141
2.3.2. L'école active Jeannine Manuel (EABJM)................ 144
2.3.3. Le Lycée franco-allemand de Buc 145

CHAPITRE 3 .... **149**

SCOLARITE BILINGUE PARITAIRE **149**
3.1. TOUR D'HORIZON DE L'ENSEIGNEMENT BILINGUE EN FRANCE 149
3.2. UN EXEMPLE : 12 ANS DE BILINGUISME SCOLAIRE EN ALSACE 152
3.2.1. Le dispositif bilingue en Alsace.................................. 152
3.2.2. Langue régionale, familles, école 153
3.2.3. Les six principes de base... 160
3.2.4. Quelques chiffres 166
3.2.5. Les difficultés 167
3.3. LE ROLE DES PARENTS DANS L'ACCOMPAGNEMENT DE L'ENFANT 173

CHAPITRE 4 183

SCOLARITE D'UN ADOLESCENT BILINGUE 183
4.1. CLASSES BILINGUES DE COLLEGE ET DE LYCEE 184
4.2. SECTIONS TRILINGUES DE COLLEGE ET DE LYCEE 186
4.3. SECTIONS EUROPEENNES DE COLLEGE ET DE LYCEE 187
4.4. LYCEES AVEC SECTIONS *ABI-BAC* 195
4.5. SECTIONS INTERNATIONALES DE COLLEGE ET DE LYCEE ET L'O.I.B. 197

CHAPITRE 5 201

RECOMMANDATIONS 201

ANNEXE 219

BIBLIOGRAPHIE 223

INDEX DES NOTIONS 243

SIGLES PAR ORDRE ALPHABETIQUE 247

TABLES DES MATIERES 249

Achevé d'imprimer sur rotative numérique par Book It !
dans les ateliers de l'Imprimerie Nouvelle Firmin Didot
Le Mesnil-sur-l'Estrée

N° d'impression : 74607
Dépôt légal : Juin 2005

Imprimé en France